四川建筑职业技术学院
国家示范性高职院校建设项目成果

综合单价确定

(工程造价专业)

胡晓娟　主编
袁建新　主审

中国建筑工业出版社

图书在版编目(CIP)数据

综合单价确定/胡晓娟主编．—北京：中国建筑工业出版社，2010
（四川建筑职业技术学院．国家示范性高职院校建设项目成果．工程造价专业）
ISBN 978-7-112-11855-7

Ⅰ．综… Ⅱ．胡… Ⅲ．建筑工程—工程造价—高等学校：技术学校—教材 Ⅳ．TU723.3

中国版本图书馆 CIP 数据核字(2010)第 031894 号

本书主要介绍在工程量清单计价模式下，如何确定综合单价。按照综合单价确定的工作过程，将全书划分为 7 个学习情境，主要包括：综合单价概述、确定分部分项工程工料机消耗量、确定人工单价、确定材料单价、确定机械台班单价、确定管理费和利润、确定综合单价等内容。还对招标控制价中综合单价的确定，投标报价的综合单价确定进行了详细的应用举例，有利于读者理论联系实际，掌握综合单价的确定。

本书内容新颖、理论与实践紧密结合，可以作为高职高专教育工程造价、建筑工程管理、建筑经济管理等专业的教材，也可以供高等院校相关专业的师生以及在岗造价人员学习参考。

* * *

责任编辑：朱首明　张　晶
责任设计：张　虹
责任设计：赵　颖　兰曼利

四川建筑职业技术学院
国家示范性高职院校建设项目成果

综合单价确定
（工程造价专业）

胡晓娟　主编
袁建新　主审

*

中国建筑工业出版社出版、发行（北京西郊百万庄）
各地新华书店、建筑书店经销
北京天成排版公司制版
北京建筑工业印刷厂印刷

*

开本：787×1092毫米　1/16　印张：$9\frac{3}{4}$　字数：244千字
2010年7月第一版　2014年2月第三次印刷
定价：22.00元
ISBN 978-7-112-11855-7
(19103)

版权所有　翻印必究
如有印装质量问题，可寄本社退换
（邮政编码 100037）

序

2006年以来，高职教育随着"国家示范性高职院校建设计划"的启动进入了一个新的历史发展时期。在示范性高职建设中，教材建设是一个重要的环节。教材是体现教学内容和教学方法的知识载体，既是进行教学的具体工具，也是深化教育教学改革、全面推进素质教育、培养创新人才的重要保证。

四川建筑职业技术学院2007年被教育部、财政部列为国家示范性高等职业院校立项建设单位，经过两年的建设与发展，根据建筑技术领域和职业岗位（群）的任职要求，参照建筑行业职业资格标准，重构基于施工（工作）过程的课程体系和教学内容，推行"行动导向"教学模式，实现课程体系、教学内容和教学方法的革命性变革，实现课程体系与教学内容改革和人才培养模式的高度匹配。组编了建筑工程技术、工程造价、道路与桥梁工程、建筑装饰工程技术、建筑设备工程技术五个国家示范院校立项建设重点专业系列教材。该系列教材有以下几个特点：

——专业教学中有机融入《四川省建筑工程施工工艺标准》，实现教学内容与行业核心技术标准的同步。

——完善"双证书"制度，实现教学内容与职业标准的一致性。

——吸纳企业专家参与教材编写，将企业培训理念、企业文化、职业情境和"四新"知识直接融入教材，实现教材内容与生产实际的"无缝对接"，形成校企合作、工学结合的教材开发模式。

——按照国家精品课程的标准，采用校企合作、工学结合的课程建设模式，建成一批工学结合紧密，教学内容、教学模式、教学手段先进，教学资源丰富的专业核心课程。

本系列教材凝聚了四川建筑职业技术学院广大教师和许多企业专家的心血，体现了现代高职教育的内涵，是四川建筑职业技术学院国家示范院校建设的重要成果，必将对推进我国建筑类高等职业教育产生深远影响。但加强专业内涵建设、提高教学质量是一个永恒的主题，教学建设和改革是一个与时俱进的过程，教材建设也是一个吐故纳新的过程。衷心希望各用书学校及时反馈教材使用信息，提出宝贵意见，以帮助我们为本套教材的长远建设、修订完善做好充分准备。

衷心祝愿我国的高职教育事业欣欣向荣，蒸蒸日上。

四川建筑职业技术学院院长：李辉
2009年1月4日

前 言

本书是四川建筑职业技术学院示范重点建设项目工程造价专业的主干课程之一，为后续课程《工程量清单报价书编制》打下基础。

本书的主要特点如下：

（1）根据国家最新的规范 2008 年的《建设工程工程量清单计价规范》，并参照了 2009 年《四川省建设工程工程量清单计价定额》进行编写，实现教学内容与行业规范标准的同步。

（2）参照了现行的造价员和造价工程师考试大纲，实现教学内容与职业标准的一致性，有利于学生考取相关的执业资格证。

（3）吸纳有丰富工作经验的行业专家程琳等专业人士参与教材编写，将企业培训理念、企业文化、职业情境和"四新"知识直接融入教材，实现教材内容与生产实际的"无缝对接"，形成校企合作、工学结合的教材开发模式。

（4）划分工作角色，从招标人如何确定招标控制价和投标人如何确定投标报价两个角度分别详细介绍综合单价的确定。

本书由四川建筑职业技术学院胡晓娟主编，迟晓梅对综合单价的应用举例提供了宝贵的资料和数据，行业专家程琳（四川精正建设咨询有限公司造价工程师）对工料机的市场价格等提供了详细的信息，对编写思路提出了宝贵建议并参编了第 4 章，夏一云对图纸资料给予了大力支持，潘桂生对表格的制作、数据录入做了许多工作，四川建筑职业技术学院袁建新教授担任本书主审。本书在编写过程中参考了有关的文献资料、得到了编制所在单位及中国建筑工业出版社的大力支持，谨此一并致谢。

我国工程造价的理论与实践还出于不断发展阶段，新的内容和问题还会不断出现，加之我们的水平有限，书中难免有不妥之处，敬请广大师生和读者批评指正。

目录 CONTENTS

1 综合单价概述 ··· 1
  1.1 建设工程计价模式 ·· 1
  1.2 工程量清单计价模式 ······································ 2
  1.3 综合单价与工程量清单计价模式的关系 ······················ 3
  1.4 确定综合单价的程序 ······································ 4

2 确定分部分项工程工料机消耗量 ································ 6
  2.1 选择定额 ··· 7
  2.2 分析清单工程量 ·· 18
  2.3 计算报价工程量及清单单位含量 ·························· 25
  2.4 套用定额 ·· 26
  2.5 确定分部分项工程工料机消耗量 ·························· 34

3 确定人工单价 ·· 35
  3.1 人工单价的组成 ·· 35
  3.2 确定人工单价的依据 ···································· 36
  3.3 确定人工单价的主要方法 ································ 37
  3.4 确定人工单价应考虑的因素 ······························ 44

4 确定材料单价 ·· 45
  4.1 材料单价的构成 ·· 45
  4.2 确定材料单价的主要方法 ································ 48
  4.3 影响材料价格变动的因素 ································ 48

5 确定机械台班单价 ·· 50
  5.1 机械台班单价的构成 ···································· 50
  5.2 确定机械台班单价的主要方法 ···························· 54

6 确定企业管理费和利润 ······································ 56
  6.1 企业管理费的构成 ······································ 56
  6.2 企业管理费的计算 ······································ 57

6.3 利润的计算方法 …………………………………………………… 58
7 确定综合单价 …………………………………………………… 59
7.1 招标控制价中综合单价的确定 …………………………………… 59
7.2 投标报价中综合单价的确定 ……………………………………… 90
7.3 措施项目综合单价的编制 ………………………………………… 121

附录1 车库工程施工图 …………………………………………… 129

附录2 定额摘录 …………………………………………………… 138

参考文献 …………………………………………………………… 150

1 综合单价概述

(1) 关键知识点
1) 建设工程计价的两种计价模式及适用范围;
2) 工程量清单计价模式的主要内容和程序;
3) 综合单价的定义;
4) 综合单价确定在工程量清单计价模式中所处的地位和作用;
5) 综合单价确定的主要程序。

(2) 教学建议
1) 案例分析;
2) 资料展示:
① 《建设工程工程量清单计价规范》
② 工程量清单
③ 清单报价书

1.1 建设工程计价模式

建筑产品是建筑业生产的物质成果。指具有一定功能、可供使用的房屋建筑(如住宅、办公楼、商业用房、医院、学校、厂房、仓库等)和构筑物(烟囱、窑炉、铁路、公路、桥梁、涵洞、机坪等)以及机械设备和管道的安装工程(不包括机械设备本身的价值),是社会总产品的组成部分。

建筑产品由于其单件性,不可能像工业产品一样对同一型号的产品进行统一定价,而只能对每一个建筑产品单独定价。建筑产品定价有两种模式,传统定额计价模式(简称"定额计价模式")和工程量清单计价模式(简称"清单计价模式")。

传统定额计价模式，就是采用国家、部门或地区统一规定的预算定额、单位估价表、取费标准、计价程序进行工程造价计价的模式，通常也称为定额计价模式。在传统的定额计价模式下，国家或地方主管部门颁布工程预算定额，并且规定了相关取费标准，发布有关资源价格信息。建设单位与施工单位均先根据预算定额中规定的工程量计算规则、定额单价计算直接工程费，再按照规定的费率和取费程序计取间接费、利润和税金，汇总得到工程造价。

工程量清单计价是一种区别于定额计价模式的新计价模式，是一种主要由市场定价的计价模式，是由建设产品的买方和卖方在建设市场上根据供求状况、信息状况进行自由竞价，从而最终能够签订工程合同价格的方法。具体而言，就是招标人按照国家统一的工程量清单计价规范中的工程量计算规则提供工程量清单和技术说明，投标人(施工企业)根据企业自身的条件和市场价格对工程量清单自主报价的工程造价计价模式。

2003年7月1日之前，我国全部采取的是定额计价模式，工程造价可以简单理解为定额加费用加文件规定，企业投标关于工程造价的竞争，主要体现在工程量计算是否准确，定额套用是否恰当。

2001年12月11日起，我国正式成为世贸组织成员，建筑市场进一步对外开放，工程计价方式也逐步与国际接轨。目前，大多数国家均采用工程量清单计价模式，为了和国际接轨，我国2003年7月1日之后，实行了《建设工程工程量清单计价规范》GB 50500—2003(简称"03规范")，在全国范围内开始逐步推广建设工程工程量清单计价模式，使我国从传统的以预算定额为主的计价方式向国际上通行的工程量清单计价模式转变。2008年7月9日，住房和城乡建设部以第63号公告，发布了《建设工程工程量清单计价规范》GB 50500—2008(简称"08规范")，从2008年12月1日起施行。标志着我国工程量清单计价模式的应用逐渐完善，进一步巩固工程量清单计价改革成果，进一步规范工程量清单计价行为。规范明确规定，全部使用国有资金投资或国有资金为主的大型建设工程必须采取清单计价模式，执行《建设工程工程量清单计价规范》，其他采取清单计价模式的建设工程，也要执行《建设工程工程量清单计价规范》，所以工程量清单的计价模式是建设市场建立、发展和完善的必然产物。

由于各省、直辖市、自治区实际情况的差异，我国目前的工程计价模式不可避免地出现"双轨制"，既实行了与国际做法一致的工程量清单计价模式，又保留了传统的定额计价模式，由于我国目前建设工程大部分都采取清单计价模式，本书介绍的是工程量清单计价模式下的综合单价确定。

1.2 工程量清单计价模式

在工程量清单计价模式下，招标单位提供统一的工程量清单和招标文件，投标单位以此为投标报价的依据，根据现行定额，结合企业本身特点，考虑可竞争现场费用、技术措施费用及所承担的风险，最终确定单价和总价进行投标，其投标报价的主要程序是：

1）投标申请人填报投标单位资格预审表，通过资格预审后即可参与工程投标；

2）在有关部门的监管下招标人召开标前会议，向通过了资格审查的企业发放招标文件和各类技术文件，并组织投标人进行现场勘查；

3）投标人在认真研究招标文件、工程量清单的编制规则和设计图纸后对工程量清单进行复核，向招标人提出不明确的地方。招标人按照招标文件约定的时间召开投标预备会，明确解答所有投标人提出的问题，并以会议纪要的形式记录下来，发放给所有投标人，作为统一调整的依据。

4）投标人依照招标文件认真编制施工组织设计文件，正确制定施工方案，采取合理的施工工艺和机械设备，有效地组织材料供应和采购，均衡安排施工，合理利用人力资源，减少材料的损耗。

5）投标人根据招标文件、施工方案、市场价格信息和企业实际情况，对应招标文件统一的工程量清单确定投标单价和合价。

6）投标文件根据招标文件的要求被密封好，并按时送达建设工程交易中心，同时，招标人作好详细记录。

1.3 综合单价与工程量清单计价模式的关系

1.3.1 综合单价的概念

综合单价是完成一个规定计量单位的分部分项工程量清单项目或措施清单项目所需的人工费、材料费、机械使用费、企业管理费和利润，以及一定范围内的风险费用。

这里的综合单价是指狭义上的综合单价，规费和税金等不可竞争费用并不包括在项目单价中。国际上所谓的综合单价，一般是指全包括的综合单价，在我国目前建筑市场存在过度竞争的情况下，08规范规定了保障税金和规费为不可竞争的费用是很有必要的，所以，综合单价中没有包括税金和规费。

1.3.2 综合单价与工程量清单计价模式的关系

在工程量清单计价模式下，建设工程造价应包括按照招标文件规定，完成工程量清单所列项目的全部费用，由分部分项工程费、措施项目费、其他项目费和规费、税金组成。

《建设工程工程量清单计价规范》明确规定，工程量清单应采用综合单价计价。

工程量清单计价公式如下：

建设项目总报价＝Σ单项工程报价

$$单项工程报价=\Sigma 单位工程报价$$

$$单位工程报价=分部分项工程费+措施项目费+其他项目费+规费+税金$$

$$分部分项工程费=\Sigma 分部分项工程量\times 分部分项综合单价$$

$$措施项目费=\Sigma 措施项目工程量\times 措施项目综合单价$$

$$或措施项目费=\Sigma 措施项目\times 费率$$

$$其他项目费=暂列金额+暂估价+计日工+总承包服务费$$

通过以上分析，可见综合单价是工程量清单计价的基础，这也是清单报价书编制的主要内容。综合单价的确定是工程造价人员最为重要和基本的能力。

这里只介绍综合单价确定的方法，工程量清单报价的其他内容在"工程量清单报价书编制"课程中介绍。

1.4 确定综合单价的程序

确定综合单价主要按照确定分部分项工程工料机消耗量、工料机单价、综合单价的工作过程进行的。

1.4.1 确定分部分项工程工料机消耗量

（1）选择定额

企业根据需要可以选择以下定额之一作为计算计价工程量的依据。

1）企业定额

企业定额是指施工企业根据本企业的施工技术和管理水平而编制的人工、材料和机械台班消耗量标准。

2）国家或省级、行业建设主管部门颁发的计价定额

国家或省级、行业建设主管部门颁发的计价定额是由建设行政主管部门根据合理的施工组织设计，按照正常施工条件下制定的，生产一个规定计量单位工程合理产品所需人工、材料、机械台班的社会平均消耗量。

招标人在工程采取招标发包的过程中，确定招标过程发包的最高限价，即确定招标控制价，应选择国家或省级、行业建设主管部门颁发的计价定额。各省、自治区、直辖市都有适用于本地区的计价定额，如广东省、天津市、四川省等省、市的定额已经按照 08 规范对综合单价进行要求，编制的是包含了人工、材料、机械台班、企业管理费和利润在一起，量价合一的定额。上海市、山东省等省、市则编制的是量价分离的人工、材料、机械台班的消耗量及其项目的单位估价表。

根据四川省建设厅关于颁发《四川省建设工程工程量清单计价定额》的通知，招标人编制标底、编制工程控制价均应以 2009《四川省建设工程工程量清单计价定额》（简称"2009 清单定额"）为依据。

由于工程量清单计价是市场竞争价，"08 规范"第 4.3.3 指出"投标报价应根据招标文件的工程量清单和有关要求、施工现场实际情况及拟定的施工方案或施

工组织设计,依据企业定额,国家或省级、行业建设主管部门颁发的计价定额,市场价格信息或工程造价管理机构发布的工程造价信息等进行编制。"投标人在报价时自主确定工料机消耗量、自主确定工料机单价、自主确定措施项目费(安全文明施工费除外)及其他项目费的内容和费率。所以投标人在选择定额时,应首先选择企业定额,若没有企业定额,可以参考地区的计价定额。

(2) 分析清单工程量的项目特征确定计价工程量项目

清单工程量是由招标人发布的拟建工程的招标工程量,统一了工程报价的工程量,是投标人投标报价的重要依据。但是清单工程量是一个综合的数量,一项工程量,可能综合了若干工程内容。如,清单项目砖基础,不仅包括主项砖基础,根据清单项目的特征描述,还应该包括防潮层。清单工程量所表述的分项工程量称为主项工程量,其所包含的其他分项量被称为附项工程量。所以要计算分部分项工程量消耗量就应首先根据清单项目特征和工程内容确定清单工程量包含的分项工程内容,即一项清单工程量包括的主项工程量和附项工程量。注意,并不是每一个清单工程量都会有附项工程量,有的清单工程量就只包括一个主项工程量,没有附项工程量,例如,现浇矩形梁,根据清单项目的特征描述,清单工程量就只有现浇矩形梁一个工程量,没有附项工程量。

(3) 计算计价工程量

计价工程量也称为报价工程量。它是计算工程投标报价的重要基础。

计价工程量是投标人根据拟建工程施工图、施工方案、清单工程量和所采用定额及相对应的工程量计算规则计算出的,用以确定综合单价的重要数据。

投标人不能直接根据清单工程量直接报价。一方面,施工方案不同,其实际发生的工程量是不同的,例如基础挖方是否要留工作面,留多少,不同的施工方案其实际发生的工程量是不同的;另一方面,采用的定额不同,定额子目的划分也可能不同,需要计算的计价工程量也会不同,其综合单价的综合结果也可能是不同的。所以在投标报价时,各投标人必然根据选择的定额计算计价工程量。

(4) 确定工料机消耗量

计价工程量乘上相对应定额的消耗量,就可以得出工料机消耗量。

1.4.2 确定工料机单价

投标人根据市场价格信息自主确定工料机单价。然后将工料机消耗量乘上工料机单价就可以得出主项和附项直接费,二者之和就是计价工程量直接费。

1.4.3 确定综合单价

在计价工程量直接费的基础上,计算管理费、利润得出清单合价,除以清单工程量就得出综合单价。

下面,就按照上述工作过程进行介绍。

2 确定分部分项工程工料机消耗量

(1) 关键知识点
1) 定额的种类、作用、构成;
2) 工程量的计量单位、计算规则;
3) 建筑面积的计算方法;
4) 工程量清单的构成;
5) 定额的使用方法。

(2) 主要技能
1) 定额的识读;
2) 工程量清单的识读;
3) 计算计价工程量;
4) 定额的套用;
5) 确定分部分项构成工料机消耗量。

(3) 教学建议
1) 注意与相关课程教学内容有机衔接;
2) 适当组织学生开展课堂讨论;
3) 选择典型例题讲解分析;
4) "学"和"做"有机结合,加强学生主要技能的训练和培养。

分部分项工程工料机消耗量确定的过程如下:
选择定额→分析清单工程量确定计价工程量项目→计算计价工程量→套用定额→确定分部分项工程工料机消耗量

2.1 选择定额

2.1.1 定额的基本常识

(1) 定额的定义

定额就是在正常的生产条件下,完成单位合格产品所必需的人工、材料、机械设备及资金消耗的标准数量。

(2) 定额的作用

1) 是确定工程造价的依据;

2) 是编制施工计划,确定劳动力、材料、机械台班需要量计划和统计完成工程量的依据;

3) 是实施经济核算制、考核工程成本的参加依据;

4) 是对设计方案和施工方案进行技术经济评价的依据。

(3) 定额的分类

1) 按生产要素分类

① 劳动定额(又叫工时定额或人工定额)

劳动定额是在正常施工条件下,某工种某等级工人或工人小组,生产单位合格产品所必需消耗的劳动时间,或是在单位工作时间内生产单位合格产品的数量标准。

在正常施工条件下某工种在单位时间内完成合格产品的数量,叫产量定额。

产量定额的常用单位是:m^2/工日、m^3/工日、t/工日、套/工日、组/工日等等。例如,砌一砖半厚标准砖基础的产量定额为:$1.08m^3$/工日。数量直观、具体,容易为工人理解,因此,产量定额适用于向工人班组下达生产任务。

在正常施工条件下,某工种工人完成单位合格产品所需的劳动时间,叫时间定额。

时间定额的常用单位是:工日/m^2、工日/m^3、工日/t、工日/套、工日/组等等。例如,现浇混凝土过梁的时间定额为:1.99 工日/m^3。不同的工作内容有共同的时间单位,定额完成量可以相加,因此,时间定额适用于劳动计划的编制和统计完成任务情况。

产量定额和时间定额是劳动定额两种不同的表现形式,他们之间是互为倒数的关系。

$$时间定额=1/产量定额$$
$$时间定额×产量定额=1$$

利用这种倒数关系我们就可以求另外一种表现形式的劳动定额。如:

砌一砖半厚标准砖基础的时间定额=1/产量定额=1/1.08m=0.926 工日/m^3。

现浇混凝土过梁的产品定额为=1/时间定额=1/0.926=0.503m^3/工日。

劳动定额也是编制施工定额、预算定额的依据,例如,砌 $1m^3$ 砖基础的时间定额为 0.956 工日/m^3。

② 材料消耗定额

材料消耗定额是指在正常施工条件下，节约和合理使用材料条件下，生产单位合格产品所必需消耗的一定品种规格的材料数量。材料消耗量包括直接耗用于建筑安装工程上的构成实体的材料（材料消耗净用量定额），还包括不可避免的施工废料和施工操作损耗（材料损耗量定额）。

$$材料消耗量定额＝材料消耗净用量定额＋材料损耗量定额$$
$$材料损耗率＝材料损耗量定额/材料消耗量定额×100\%$$

或：
$$材料损耗率＝材料损耗量/材料消耗量×100\%$$
$$材料消耗量定额＝材料消耗净用量定额/(1－材料损耗率)$$

或：
$$总消耗量＝净用量/(1－损耗率)$$

在实际工作中，为了简化上述计算过程，常用下列格式计算总消耗量：
$$总消耗量＝净用量×(1＋损耗率')$$

其中：
$$损耗率'＝损耗量/净用量$$

材料消耗定额的主要作用是下达施工限额领料单，核算企业内部材料用量，也是编制施工定额和预算定额的依据。例如，砌 $1m^3$ 砖基础的标准砖用量为 521 块$/m^3$。

③ 机械台班定额

机械台班定额规定了在正常施工条件下，利用某种施工机械，生产单位合格产品所必需消耗的机械工作时间，或者在单位工作时间内机械完成合格产品的数量标准。

例如：8t 载重汽车运预制空心板，当运距为 1km 时的产量定额为 65.4t/台班。

以上三种定额是编制各种定额的基础，因此又叫基本定额。

2）按定额编制程序和用途分类

① 估算指标

投资估算指标是以一个建设项目为对象，确定设备、器具购置费用，建筑安装工程费用，流动资金需要量的依据。

投资估算指标是在建设项目决策阶段，编制投资估算、进行投资预测、投资控制、投资效益分析的重要依据。

② 概算指标

概算指标是以整个建筑或构筑物为对象，以"m^3"、"m^2"、"座"为计量单位，确定人工、材料、机械台班消耗量及费用的标准。

概算指标是在初步设计阶段，编制设计概算的依据。其主要作用是优选设计方案和控制建设投资，例如编制教学大楼概算。

③ 概算定额

确定一定计量单位的扩大分项工程的人工、材料、机械台班消耗量的数量标准。概算定额是在扩大初步设计阶段或施工图设计阶段编制设计概算的主要依据。

④ 预算定额

预算定额是规定消耗在单位建筑产品上人工、材料、机械台班的社会必要劳动消耗量的数量标准。

预算定额是在施工图设计阶段及招标投标阶段，控制工程造价，编制标底和标价的重要依据。

各省、自治区、直辖市或行业建设主管部门编制的预算定额名称以及定额表现形式虽然在定额名称以及定额表现形式上存在一定的差异，但在内容上并无实质型的差别，08规范将预算定额界定为"国家或省级、行业建设主管部门颁发的计价依据"，是编制工程量清单、招标控制价的依据之一，也可以是投标报价的依据之一。

⑤ 施工定额

施工定额是规定消耗在单位建筑产品上的人工、材料、机械台班企业劳动消耗量的数量标准。"08规范"界定为"企业定额"，是施工企业根据本企业的施工技术和管理水平而编制的人工、材料和施工机械台班等的消耗标准，是施工企业内部进行施工管理的标准，也是施工企业进行投标报价的依据之一。施工定额还可以用于编制施工预算，是在施工阶段签发施工任务书，限额领料单的重要依据。

3) 按编制单位和执行范围分类

① 全国统一定额

由国家主管部门或授权单位(建设部)，结合全国基本建设的生产技术、施工管理和生产劳动的一般情况编制，并在全国范围内执行的定额。如：95建筑工程基础定额、2000全国统一安装工程预算定额等。

② 主管部门定额

由各专业部门(如水利部、交通部等)针对本部门的施工特点和生产技术水平，以及国家发布的标准、规范和定额水平为基础而编制的，一般限在本部门和专业性质相同的范围内执行。如公路工程定额、井巷工程定额等。

③ 地方定额

由省、市、自治区在考虑本地区的特点和全国统一定额水平的条件下编制。具有较强的地区特点，只限于在所规定的地区范围内执行。

如2009年《四川省建设工程工程量清单计价定额》、《河南省建设工程工程量清单综合单价》、《上海市建筑和装饰工程预算定额》等等。

④ 补充定额

补充定额是指在现行定额不能满足需要的情况下，为了补充现行定额漏项或缺陷而制定的，只能在规定的范围内使用的定额，是由省、市、自治区主管部门或由企业根据定额编制的原则和方法编制的，有长期使用价值的补充定额，可作为以后修订定额的基础。

由于定额的编制十分复杂，许多施工企业还没有编制企业定额，在建设工程招标投标过程中主要使用还是预算定额，下面对预算定额的构成和使用进行进一步介绍。

(4) 预算定额的构成

预算定额一般由总说明、分部说明、分节说明、建筑面积计算规则、工程量计算规则、分项工程消耗指标、分项工程基价(有分项工程基价的定额就称为"单位估价表")、机械台班预算价格、材料预算价格、砂浆和混凝土配合比表、材料损耗率表等内容构成，如图2-1所示。

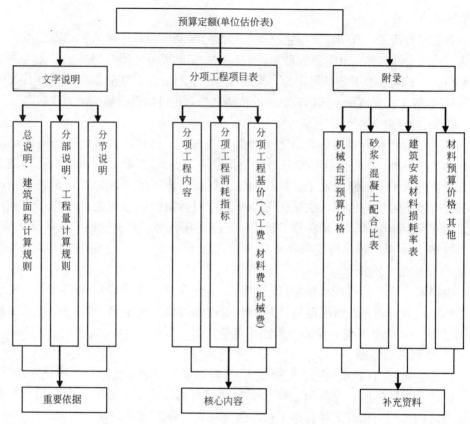

图 2-1 预算定额的构成

由此可见，预算定额是由文字说明、分项工程项目表和附录等三部分内容所构成的。

1）文字说明

① 总说明、册说明、分部说明、分节说明

总说明是对定额的编制依据、适用范围、作用，工料机消耗量测算水平，补充定额等内容进行说明，对正确使用定额具有明确的指导作用。

册说明、分部说明、分节说明是如何正确使用定额分册、分部、分节进行说明。

② 建筑面积计算规则

建筑面积亦称建筑展开面积，是建筑物各层面积的总和，是重要的技术经济指标，具有以下作用。

A. 建筑面积是重要管理指标

建筑面积是建设投资、建设项目可行性研究、建设勘察设计、建设项目评估、建设项目招标投标、建筑过程施工和竣工验收、建设工程造价管理、建筑工程造价控制等一系列工作的重要计算指标。

B. 建筑面积是重要技术指标

建筑面积是计算开工面积、竣工面积、优良工程率、建筑装饰规模等重要的技术指标。

C. 建筑面积是重要的经济指标

建筑面积是计算建筑、装饰等单位工程或单项工程的单位工程造价、人工消耗指标、机械台班消耗指标、工程量消耗指标的重要经济指标。各经济指标的计算公式如下：

每平方米工程造价＝工程造价/建筑面积(元/m^2)

每平方米人工消耗＝单位工程用工量/建筑面积(工日/m^2)

每平方米材料消耗＝单位工程某材料用量/建筑面积(kg/m^2、m^3/m^2 等)

每平方米机械台班消耗＝单位工程某机械台班用量/建筑面积(台班/m^2)

每平方米工程量＝单位工程某工程量/建筑面积(m^2/m^2、m^3/m^2、m/m^2 等)

由于建筑面积是计算各种技术指标的重要依据，这些指标又起着衡量和评价建设规模、投资效益、工程成本等方面重要作用，因此，中华人民共和国原建设部在2005颁发了《建筑工程建筑面积计算规范》GB/50353—2005，规定了建筑面积的计算方法。

《建筑工程建筑面积计算规范》主要规定了三个方面的内容：

一是计算全部建筑面积的范围和规定；

二是计算部分建筑面积的范围和规定；

三是不计算建筑面积的范围和规定。

这些规定主要基于以下几个方面的考虑：

a. 尽可能准确反映建筑物各组成部分的价值量。例如，有永久性顶盖，无维护结构的走廊，按其结构底板水平面积1/2计算建筑面积；有维护结构的走廊(增加了维护结构的工料消耗)则计算全部建筑面积。又如，多层建筑坡屋顶内和场馆看台下，当设计加以利用时，净高在超过2.10m的部位应计算建筑面积；净高在1.20～2.10m的部位应计算1/2面积，净高不足1.20m时不应计算面积。

b. 通过建筑面积计算的规定，简化了建筑面积过程，例如，附墙烟囱、垛不应计算建筑面积。

为了方便计算建筑面积，预算定额将《建筑工程建筑面积计算规范》GB/50353—2005纳入文字说明部分。

③ 工程量计算规则

计算规则是文字说明的核心内容，是计算分部分项工程项目工程量时，确定施工图尺寸数据、内容确定、工程量调整系数、工程量计算方法的重要规定。工程量计算规则是具有权威性的规定，是确定工程消耗量的重要依据，主要作用如下：

A. 确定工程量项目的依据

例如，2009年《四川省建设工程工程量清单计价定额》(本书以下举例，均以该定额为准)土石方工程分部工程，计算规则规定，建筑场地挖填方厚度在±300mm以内及找平，平整场地项目；超过±300mm就要按挖土方项目计算了。

再如，混凝土及钢筋混凝土分部工程明确规定，混凝土垫层用于槽坑且厚度不大于300mm者为基础垫层，否则算作基础。

B. 施工图尺寸数据取定，内容取舍的依据例如，砌筑工程分部工程规定，外墙墙基按外墙中心线长度计算，内墙墙基按净长计算，基础大放脚T形接头的重叠部分，0.3m² 以内洞口所占面积不予扣除，但靠墙暖气沟的挑檐亦不增加。又如，计算墙体工程量时，应扣除门窗洞口，嵌入墙身的圈梁、过梁体积，不扣除梁头、外墙板头、加固钢筋及每个面积在0.3m² 以内孔洞等所占的体积，突出墙面的窗台虎头砖、压顶线、三皮砖以内的腰线亦不增加。

又如，混凝土及钢筋混凝土分部工程明确规定，混凝土的工程量按施工图尺寸以"m³"计算，不扣除钢筋、铁件和面积不大于 0.05m² 的螺栓盒等所占体积。

C. 工程量调整系数

例如，土石方分部工程规定，沟槽、基坑深度超过 6m 时，按深 6m 定额乘上系数 1.2 计算；超过 8m 以外者，按深 6m 定额乘上系数 1.6 计算。

又如，砌筑工程分部工程规定，砖（石）墙身、基础如为弧形时，按相应项目人工费乘以系数 1.1，砖用量乘以系数 1.025。

再如，混凝土及钢筋混凝土分部工程明确规定，砌体钢筋加固执行现行现浇构件钢筋项目，钢筋用量乘以系数 0.97。

D. 工程量计算方法

例如，砖石基础以设计图尺寸按体积计算。包括附墙垛基础宽出部分体积，扣除地梁（圈梁）、构造柱所占体积。砖石基础长度：外墙墙基按外墙中心线长度计算；内墙墙基按内墙计算。

又如，钢筋（钢丝束、钢绞线）按设计图长度乘以单位理论质量计算，项目中已综合考虑钢筋、铁件的制作损耗及钢筋的施工搭接用量。

再如，屋面卷材、涂膜防水，按设计图示尺寸以面积计算。斜屋顶（不包括平屋顶找坡）按斜面积计算，平屋顶按水平投影面积计算；不扣除房上烟囱、风帽底座、风道、屋面小气窗和斜沟所占面积；屋面女儿墙、山墙、天窗、变形缝、天沟等处的弯起部分应按图示尺寸（如图纸无规定，女儿墙和缝弯起高度可按 300mm，天窗可按 500mm）计算，并入屋面工程量内。

正确理解工程量计算规则是正确计算工程量，合理确定工料机消耗量的前提，对于工程量计算规则的理解，应注意以下几点：

a. 计算规则与定额消耗量是相对应的关系

特别注意的是，工程量计算规则是与定额配套使用的，计算规则与定额消耗量是相对应的关系。凡是工程量计算规则指出不扣除或不增加的内容，在编制预算定额时都进行了处理。因为在编制预算定额时，都要通过典型工程相关工程量统计分析后，进行了抵扣处理。也就是说计算规则规定不扣的内容，编制定额时已经作了扣除；计算规则规定不增加的内容，在编制预算定额时已经增加了。所以，定额的消耗量与工程量的计算规则是相对应的关系。

b. 工程量计算规则在制定过程中也体现了力求工程量计算简化的精神

工程量计算规则制定时，要尽量考虑工程造价人员在编制施工图预算时，简化工程量计算过程。例如砖墙体积内不扣除梁头和板头体积，也不增加突出墙面虎头砖、压顶线的体积的计算规定，就是体现了简化工程量计算过程的精神。

　　c. 工程量计算规则具有相对稳定性

　　虽然编制预算定额是通过若干个典型过程，测算定额项目的工程实物消耗量。但是，也要考虑制定工程量计算规则变化幅度大小的合理性，使计算规则在计算工程量时具有一定的稳定性，从而使定额水平具有一定的稳定性。

　　2）分部分项工程表

　　分项项目表是构成预算定额的主要内容，一般包括工程内容、项目名称、计量单位、人工、材料、机械台班消耗量，若反映货币量，还包括项目的定额基价。

　　① 工程内容

　　工程内容主要讲的是定额子目包括了哪些操作程序的消耗量，是划分分项工程的依据之一。

　　例如，砌筑实心砖墙的定额子目工程内容包括：调、运、铺砂浆；安放木砖、铁件、砌砖。砌筑空心砖的定额子目工程内容包括：调、运、铺砂浆砌砖及原浆勾缝。可以看出这两个砌筑工程定额子目所包括的工程内容是不同的，砌筑实心砖墙的工程内容没有包括勾缝，若要勾缝则还需要对墙面勾缝套用抹灰工程中的定额子目。

　　② 项目名称

　　预算定额的项目名称也称定额子目名称，一般包括材料种类、规格、构造对象、工艺等，例如，M5水泥砂浆砌砖基础，C10混凝土基础垫层。定额子目是构成实体或有助于构成实体的最小部分，一般是按工程部位或工种划分。一个单位工程可由几十个到上百个定额子目构成。

　　③ 计量单位

　　工程量是指用物理计量单位或自然计量单位表示的分项工程的实物数量，定额中每个定额子目都有对应的计量单位。计量单位有物理计量单位和自然计量单位两种。

　　物理计量单位是指用公制度量表示的"m、m^2、m^3、t、kg"等单位。例如，楼梯扶手以"m"为单位，水泥砂浆抹地面以"m^2"为单位，现浇板以"m^3"为单位，钢筋制作安装以"t"为单位等等。

　　自然计量单位系指个、组、件、套等具有自然属性的单位。例如，砌筑拖布池以"套"为单位，雨水斗以"个"为单位，洗脸盆以"组"为单位，日光灯以"套"为单位等等。

　　定额项目计量单位的选择，与预算定额的准确性、简明适用性有着密切的关系。既要考虑采用该计量单位能准确反映单位产品的工料机消耗量，保证定额的准确性，又要有利于减少定额项目数量，提高定额的综合性，还要有利于简化工程量计算。由于各分项工程的形状不同，定额计量单位应根据分项工程量不同形状特征和变化规律来确定，一般要求如下。

　　凡物体的长、宽、高三个度量都在变化时，应采用立方米为计量单位。例如，土方、石方、砌筑、混凝土构件等项目。

　　凡物体有一固定的厚度，而长度和宽度所决定的面积不固定时，宜采用平方米为计量单位。例如，楼地面面层、屋面防水层、装饰抹灰、木地板等项目。

如果物体截面形状大小固定，但长度不固定时，应以延长米为计量单位。例如，装饰线、栏杆扶手、给水排水管道、导线敷设等项目。

有的项目体积、面积变化不大，但重量和价格差异很大，如金属结构制作、运输、安装等，应当按照重量单位"t"、"kg"计算。

有的项目是采用的标准件或成品，则可以"个、组、件、套"等自然单位计量。例如，屋面排水用的水斗、水口以及给水排水管道中的阀门、水嘴安装等均以"个"为计量单位，电气照明工程中的各种灯具安装则以"套"为计量单位。

④ 人工、材料、机械台班消耗量

A. 人工消耗指标

预算定额中人工工日消耗量是指在正常施工条件下，生产单位合格产品所必需消耗的人工工日数量，是由分项工程所综合的各个工序劳动定额包括的基本用工、其他用工两部分组成的。

a. 基本用工。基本用工指完成一定计量单位的分项工程或结构构件的各项工作过程的施工任务所必需消耗的技术工种用工。例如，砌砖墙中的砌砖、调制砂浆、运砖的用工。采用劳动定额综合成预算定额项目时，还要增加附墙烟囱、垃圾道砌筑等的用工。

基本用工的计算包括以下两个方面：

第一，完成定额计量单位的主要用工。按综合取定的工程量和相应劳动定额进行计算。计算公式：

$$基本用工 = \Sigma(综合取定的工程量 \times 劳动定额)$$

例如工程实际中的砖基础，有1砖厚，1砖半厚，2砖厚等之分，用工各不相同，在预算定额中由于不区分厚度，需要按照统计比例，加权平均得出综合的人工消耗。

第二，按劳动定额规定应增（减）计算的用工量。由于预算定额是在施工定额子目的基础上综合扩大的，包括的工作内容较多，施工的工效视具体部位而不一样，所以需要另外增加人工消耗，而这种人工消耗也可以列入基本用工内。

b. 其他用工。其他用工是辅助基本用工消耗的工日，包括超运距用工、辅助用工和人工幅度差用工。

超运距用工。超运距是指劳动定额中已包括的材料、半成品场内水平搬运距离与预算定额所考虑的现场材料、半成品堆放地点到操作地点的水平运输距离之差。

$$超运距 = 预算定额取定运距 - 劳动定额已包括的运距$$

$$超运距用工 = \Sigma(超运距材料数量 \times 时间定额)$$

需要指出，实际工程现场运距超过预算定额取定运距时，可另行计算现场二次搬运费。

辅助用工。指技术工种劳动定额内不包括而在预算定额内又必须考虑的用工。例如机械土方工程配合用工、材料加工（筛砂、洗石、淋化石膏）、电焊点火用工等。计算公式如下：

$$辅助用工 = \Sigma(材料加工数量 \times 相应的加工劳动定额)$$

人工幅度差。即预算定额与劳动定额的差额,主要是指在劳动定额中未包括而在正常施工情况下不可避免但又很难准确计量的用工和各种工时损失。内容包括:

a) 各工种间的工序搭接及交叉作业相互配合或影响所发生的停歇用工。
b) 施工机械在单位工程之间转移及临时水电线路移动所造成的停工。
c) 质量检查和隐蔽工程验收工作的影响。
d) 班组操作地点转移用工。
e) 工序交接时对前一工序不可避免的修整用工。
f) 施工中不可避免的其他零星用工。

人工幅度差计算公式如下:

人工幅度差＝(基本用工＋辅助用工＋超运距用工)×人工幅度差系数

人工幅度差系数一般为10%～15%。在预算定额中,人工幅度差的用工量列入其他用工量中。

B. 材料消耗指标

材料消耗指标是指在正常施工条件下,生产单位合格产品所必需消耗的材料、半成品、成品、结构构件的数量,包括直接消耗使用量和规定的损耗量。其规定的损耗量已包括材料、成品、半成品从工地仓库、现场堆放地点或现场加工地点只操作安装地点的运输损耗、施工操作损耗及施工现场堆放损耗,细木工程已经包括干燥损耗。

例如,每砌 $10m^3$ 1砖厚内墙的灰砂砖和砂浆用量的计算过程如下:

a. 计算 $10m^3$ 1砖厚内墙的灰砂砖净用量;
b. 根据典型工程的施工图计算每 $10m^3$ 1砖厚内墙中梁头、板头所占体积;
c. 扣除 $10m^3$ 砖墙体积中梁头、板头所占体积;
d. 计算 $10m^3$ 1砖厚内墙砌筑砂浆净用量;
e. 计算 $10m^3$ 1砖厚内墙灰砂砖和砂浆的总消耗量。

C. 机械台班消耗指标

机械台班消耗指标是指在正常施工条件下,生产单位合格产品(分部分项工程或结构构件)必需消耗的某种型号施工机械的台班数量。

预算定额中配合工人班组施工的施工机械,按工人小组的产量计算台班产量。计算公式为:

分项工程机械台班使用量＝分项工程定额计量单位制/小组总产量

⑤ 定额基价

原本预算定额只反映工料机消耗指标,如果反映货币量指标,就要另行编制单位估价表。但是现行的建筑工程预算定额多数都列出了定额子目的基价,具备了反映货币指标的要求。因此,凡是含有定额基价的预算定额都具有单位估价表的功能。

施行工程量清单计价之前,预算定额计价都是由人工费、材料费、机械费构成。其计算过程如下:

定额基价＝人工费＋材料费＋机械费

其中：人工费＝定额工日数×人工单价

材料费＝Σ(定额材料用量×材料单价)

机械费＝Σ(定额机械台班用量×机械台班单价)

实施工程量清单计价之后，各省、自治区、直辖市或行业建设主管部门为配合工程量清单计价而配套编制了定额，许多地方，如广东省、天津市、四川省等省、市的定额已经按照清单计价规范对定额基价进行了要求，定额基价包括了人工、材料、机械台班、企业管理费和利润在一起，其计算过程如下：

定额基价＝人工费＋材料费＋机械费＋企业管理费＋利润

其中：人工费＝定额工日数×人工单价

材料费＝Σ(定额材料用量×材料单价)

机械费＝Σ(定额机械台班用量×机械台班单价)

企业管理费＝(人工费＋材料费＋机械费)×费率

利润＝(人工费＋材料费＋机械费)×费率

分项工程项目表举例如表 2-1：

A.C.2 砖砌体(编码：010302)   表 2-1

A.C.2.1 实心砖墙(编码：010302001)

工程内容：1. 调、运、铺砂浆。2. 安放木砖、铁件、砌砖。 单位：10m³

定额编号			AC0011	AC0012	AC0013	AC0014	AC0015	AC0016
项目	单位	单价(元)	砖墙					
			混合砂浆(细砂)			水泥砂浆(细砂)		
			M5	M7.5	M10	M5	M7.5	M10
综合单(基)价	元		2063.66	2093.45	2122.35	2065.00	2088.30	2107.12
其中 人工费	元		513.15	513.15	513.15	513.15	513.15	513.15
材料费	元		1387.11	1416.90	1445.80	1388.45	1411.75	1430.57
机械费	元		7.27	7.27	7.27	7.27	7.27	7.27
综合费	元		156.13	156.13	156.13	156.13	156.13	156.13
材料 混合砂浆(细砂)M5	m³	142.00	2.24	—	—	—	—	—
混合砂浆(细砂)M7.5	m³	155.30	—	2.24	—	—	—	—
混合砂浆(细砂)M10	m³	168.20	—	—	2.24	—	—	—
水泥砂浆(细砂)M5	m³	142.60	—	—	—	2.24	—	—
水泥砂浆(细砂)M7.5	m³	153.00	—	—	—	—	2.24	—
水泥砂浆(细砂)M10	m³	161.40	—	—	—	—	—	2.24
标准砖	千匹	200.00	5.31	5.31	5.31	5.31	5.31	5.31
水泥 32.5 级	kg		(400.96)	(497.28)	(591.36)	(506.24)	(564.48)	(611.52)
细砂	m³		(2.60)	(2.60)	(2.60)	(2.60)	(2.60)	(2.60)
石灰膏	m³		(0.31)	(0.25)	(0.17)	—	—	—
水	m³	1.50	1.21	1.21	1.21	1.21	1.21	1.21
其他材料费	元		5.22	5.22	5.22	5.22	5.22	5.22

3) 补充资料

补充资料是定额的附录部分，包括机械台班预算价格，砂浆、混凝土配合比，建筑安装材料损耗率表，材料预算价格、其他等内容。

当分项工程项目中的材料项目栏中含有砂浆或混凝土半成品的用量时，其半成品的原材料要根据定额附录中的砂浆、混凝土配合比表的材料用量来计算。因此，当定额项目的配合比与设计配合比不同时，附录半成品配合比表是定额换算的重要依据。

补充资料举例如表2-2：

Y.D.5 细砂混合砂浆　　　　　　　　　　　　　　表2-2

单位：m^3

定额编号		单位	单价（元）	YD0040	YD0041	YD0042	YD0043	YD0044	YD0045
项 目				混合砂浆					
				细砂					
				1:1:4	1:1:2*	1:0.5:2	1:0.3:3	1:1:6	1:0.5:5
基 价		元		188.35	236.85	244.60	231.00	160.70	169.20
其中	人工费	元		—	—	—	—	—	—
	材料费	元		188.35	236.85	244.60	231.00	160.70	169.20
	机械费	元		—	—	—	—	—	—
材料	水泥32.5级	kg	0.40	278.00	406.00	453.00	419.00	216.00	260.00
	细砂	m^3	45.00	1.05	0.73	0.86	1.12	1.16	1.16
	石灰膏	m^3	130.00	0.23	0.32	0.19	0.10	0.17	0.10
	水	m^3		(0.60)	(0.60)	(0.60)	(0.60)	(0.60)	(0.60)

2.1.2 定额的选择

（1）编制招标控制价

采取工程量清单计价的建设工程，应编制招标控制价。招标控制价是招标人能够接受的最高交易价格，投标人的投标报价高于招标控制价的，其投标应予以拒绝。招标控制价超过批准的概算时，招标人应将其报原概算审批部门审核。

招标控制价应有具有编制能力的招标人，或受其委托具有相应资质的工程造价咨询人编制。

招标控制价的计价依据：

1）《建设工程工程量清单计价规范》GB 50500—2008。

2）国家或省级、行业建设主管部门颁发的计价定额和计价办法。

3）建设工程设计文件及相关资料。

4）招标文件中的工程量清单及有关要求。

5）与建设项目相关的标准、规范、技术资料。

6）工程造价管理机构发布的工程造价信息，如工程造价信息没有发布的参照市场价。

7)其他的相关资料。

所以,编制招标控制价,要选择国家或省级、行业建设主管部门颁发的计价定额。

(2)投标报价

投标报价的编制主要是投标人对承建工程所要发生的各种费用的计算。《建设工程工程量清单计价规范》规定,"投标价是投标人投标时报出的工程造价"。具体讲,投标价是在工程招标发包过程中,由投标人按照招标文件的要求,根据工程特点,并结合自身的施工技术、装备和管理水平,依据有关计价规定自主确定的工程造价,是投标人希望达成工程承包交易的期望价格,它不能高于招标人设定的招标控制价,也不得低于成本。

投标价应由投标人或受其委托具有相应资质的工程造价咨询人编制。

《建设工程工程量清单计价规范》规定,投标报价应根据下列依据编制:

1)工程量清单计价规范。
2)国家或省级、行业建设主管部门颁发的计价办法。
3)企业定额,国家或省级、行业建设主管部门颁发的计价定额。
4)招标文件、工程量清单及其补充通知、答疑纪要。
5)建设工程设计文件及相关资料。
6)施工现场情况、工程特点及拟定的投标施工组织设计或施工方案。
7)与建设项目相关的标准、规范等技术资料。
8)市场价格信息或工程造价管理机构发布的工程造价信息。
9)其他的相关资料。

所以,投标报价以企业定额,国家或省级、行业建设主管部门颁发的计价定额为依据。由于工程量清单计价是市场竞争价,所以投标人在选择定额时,应首先选择企业定额,若没有企业定额,可以参考地区的计价定额。

2.2 分析清单工程量

2.2.1 工程量清单的组成内容

根据《建设工程工程量清单计价规范》的规定,工程量清单的组成内容如下:

1)封面;
2)填表须知;
3)总说明;
4)分部分项工程量清单;
5)措施项目清单;
6)其他项目清单;
7)零星工作项目表;
8)规费、税金等。

工程量清单应该由具有编制招标文件能力的招标人,或受其委托具有相应资质的中介机构编制。工程量清单是招标文件的组成部分。

2.2.2 分部分项工程量清单的识读

分部分项工程量清单是指完成拟建工程的实体工程项目数量的清单。

分部分项工程量清单由招标人根据《建设工程工程量清单计价规范》附录规定的项目编码、项目名称、计量单位和工程量计算规则进行编制。

(1) 分部分项工程量清单的项目编码

分部分项工程量清单的项目编码,按五级设置,用十二位阿拉伯数字表示,一、二、三、四级编码,即一至九位应按《建设工程工程量清单计价规范》附录的规定设置;第五级编码,即十至十二位应根据拟建工程的工程量清单项目名称由其编制人设置,并应自001起顺序编制。各级编码代表含义如下:

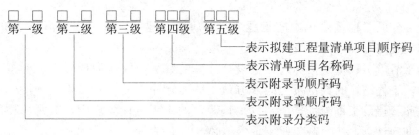

1) 第一级表示分类码(分两位)。附录A建筑工程为01,附录B装饰装修工程为02,附录C安装工程为03,附录D市政工程为04,附录E园林绿化工程为05,附录F矿山工程为06;

2) 第二级表示章(专业工程)顺序码(分两位)。如0103为附录A的第三章"砌筑工程";0302为附录C的第二章"电气设备安装工程";

3) 第三级表示节(分部工程)顺序码(分两位)。如010302为砌筑工程的第二节"砖砌体";

4) 第四级表示清单项目(分项工程)名称码(分三位)。如010302001为砖砌体中的"实心砖墙";

5) 第五级表示拟建工程量清单项目顺序码(分三位)。由编制人依据项目特征的区别,从001开始,一共999个码可供使用。如用MU20页岩标准砖,M7.5混合砂浆砌混水墙,可编码为:010302001001,余类推。

(2) 分部分项工程量清单的项目名称

项目名称应按《建设工程工程量清单计价规范》附录的项目名称与项目特征并结合拟建工程的实际确定。《建设工程工程量清单计价规范》没有的项目,编制人可作相应补充,并报工程造价管理机构备案。

(3) 分部分项工程量清单的计量单位

分部分项工程量清单的计量单位,应按《建设工程工程量清单计价规范》附录中规定的计量单位确定。

有的项目中《建设工程工程量清单计价规范》有两个以上计量单位,对具体工程量清单项目只能根据《建设工程工程量清单计价规范》的规定选择其中一个计量单位。《建设工程工程量清单计价规范》中没有具体选用规定时,清单编制人可以根据具体的情况选择其中的一个。例如:《建设工程工程量清单计价规范》对"A.2.1 混凝土桩"的"预制钢筋混凝土桩"计量单位有"m/根"两个计量单位,但是没有具体的选用规定,在编制该项目清单时清单编制人可以根据具体情况选择"m"、"根"其中之一作为计量单位。又如,《建设工程工程量清单计价规范》对"A.3.2 砖砌体"中的"零星砌砖"的计量单位为"m^3"、"m^2"、"m"、"个"四个计量单位,但是规定了"砖砌锅台与炉灶可按外形尺寸以个计算,砖砌台阶可按水平投影面积以平方米计算,小便槽、地垄墙可按米计算,其他工程量按立方米计算",所以在编制该项目的清单时,应根据《建设工程工程量清单计价规范》的规定选用。

(4) 分部分项工程的数量

分部分项工程量清单中的工程数量,应按《建设工程工程量清单计价规范》附录中规定的工程量计算规则计算。

由于清单工程量是招标人根据设计计算的数量,仅作为投标人投标报价的共同基础,工程结算的数量按合同双方认可的实际完成的工程量确定。清单编制人应该按照《建设工程工程量清单计价规范》的工程量计算规则,对每一项的工程量进行准确计算,从而避免业主承受不必要的工程索赔。

(5) 分部分项工程量清单项目的特征描述

项目特征是用来表述项目名称的实质内容,用于区分《建设工程工程量清单计价规范》中同一清单条目下各个具体的清单项目。由于项目特征直接影响工程实体的自身价值,关系到综合单价的准确确定,因此项目特征的描述,是根据《建设工程工程量清单计价规范》项目特征的要求,结合技术规范、标准图集、施工图纸,按照工程结构、使用材质及规格或安装位置等,予以详细表述和说明。由于种种原因,对同一项目,由不同的人进行,会有不同的描述,尽管如此,体现项目特征的区别和对报价有实质影响的内容必须描述,描述的内容可按以下把握:

1) 必须描述的内容如下:

① 涉及正确计量计价的必须描述:如门窗洞口尺寸或框外围尺寸;

② 涉及结构要求的必须描述:如混凝土强度等级(C20 或 C30);

③ 涉及施工难易程度的必须描述:如抹灰的墙体类型(砖墙或混凝土墙);

④ 涉及材质要求的必须描述:如油漆的品种、管材的材质(碳钢管、无缝钢管)。

2) 可不描述的内容如下:

① 对项目特征或计量计价没有实质影响的内容可以不描述:如混凝土柱高度、断面大小等;

② 应由投标人根据施工方案确定的可不描述:如预裂爆破的单孔深度及装药

量等；

③应由投标人根据当地材料确定的可不描述：如混凝土拌合料使用的石子种类及粒径、砂的种类等；

④应由施工措施解决的可不描述：如现浇混凝土板、梁的标高等。

3) 可不详细描述的内容如下：

①无法准确描述的可不详细描述：如土的类别可描述为综合等（对工程所在具体地点来讲，应由投标人根据地勘资料确定土的类别，决定报价）；

②施工图、标准图标注明确的，可不再详细描述。可描述为见××图集××图号等。

③还有一些项目可不详细描述，但清单编制人在项目特征描述中应注明由投标人自定，如"挖基础土方"中的土方运距等。

对规范中没有项目特征要求的少数项目，但又必须描述的应予描述：如A.5.1"厂库房大门、特种门"，规范以"樘"作为计量单位，"框外围尺寸"就是影响报价的重要因素，因此，就必须描述，以便投标人准确报价。同理，B.4.1"木门"、B.5.1"门油漆"、B.5.2"窗油漆"也是如此。

需要指出的是，《建设工程工程量清单计价规范》附录中"项目特征"与"工程内容"是两个不同性质的规定。项目特征必须描述，因其讲的是工程实体的特征，直接影响工程的价值。工程内容无须描述，因其主要讲的是操作程序，二者不能混淆。例如砖砌体的实心砖墙，按照《建设工程工程量清单计价规范》"项目特征"栏的规定，就必须描述砖的品种：是页岩砖、还是煤灰砖；砖的规格：是标砖还是非标砖，是非标砖就注明规格尺寸；砖的强度等级：是MU10、MU15、还是MU20，因为砖的品种、规格、强度等级直接关系到砖的价值。还必须描述墙体的厚度：是1砖（240mm），还是1½砖（370mm）等；墙体类型：是混水墙，还是清水墙，清水是双面，还是单面，或者是一斗一卧、围墙还是单顶全斗墙等，因为墙体的厚度、类型直接影响砌砖的工效以及砖、砂浆的消耗量。还必须描述是否勾缝：是原浆，还是加浆勾缝；如是加浆勾缝，还须注明砂浆配合比。还必须描述砌筑砂浆的强度等级：是M5、M7.5、还是M10等，因为不同强度等级、不同配合比的砂浆，其价值是不同的。由此可见，这些描述均不可少，因为其中任何一项都影响了综合单价的确定。而《建设工程工程量清单计价规范》中"工程内容"中的砂浆制作、运输、砌砖、勾缝、砖压顶砌筑、材料运输则不必描述，因为，不描述这些工程内容，承包商必然要操作这些工序，完成最终验收的砖砌体。

此处还须说明的是，《建设工程工程量清单计价规范》在"实心砖墙"的"项目特征"及"工程内容"栏内均包含有勾缝，但两者的性质不同，"项目特征"栏的勾缝体现的是实心砖墙的实体特征，而"工程内容"栏内的勾缝表述的是操作工序或称操作行为。因此，如果须勾缝，就必须在项目特征中描述，而不能以工程内容中有而不描述，否则，将视为清单项目漏项，而可能在施工中引起索赔，类似的情况在计价规范中还有，须引起注意。

投标报价,应高度重视分部分项工程量清单项目特征的描述,正确理解清单工程量所包括的内容,综合单价应包括项目特征的全部内容,避免少报,多报。若项目特征描述不清会在施工合同履约过程中产生分歧,导致纠纷、索赔。

2.2.3 措施项目清单的识读

措施项目清单指为完成工程项目施工,发生于该工程施工前和施工过程中的技术、生活、安全等方面的非工程实体项目的清单。

措施项目清单的编制应考虑多种因素,除工程本身的因素外,还涉及水文、气象、环境、安全和承包商的实际情况等。《建设工程工程量清单计价规范》中的"措施项目一览表"只是作为清单编制人编制措施项目清单时的参考。因情况不同,出现表中没有的措施项目时,清单编制人可以自行补充。

由于措施项目清单中没有的项目承包商可以自行补充填报。所以,措施项目清单对于清单编制人来说,压力并不大。一般情况,清单编制人可以不填写或只需要填写最基本的措施项目即可。

《建设工程工程量清单计价规范》中的措施项目见表2-3。

措施项目表　　　　　　　　　　　　表2-3

序号	项目名称
1	通用项目
1.1	环境保护
1.2	文明施工
1.3	安全施工
1.4	临时设施
1.5	夜间施工
1.6	二次搬运
1.7	大型机械设备进出场及安拆
1.8	混凝土、钢筋混凝土模板及支架
1.9	脚手架
1.10	已完工程及设备保护
1.11	施工排水、降水
2	建筑工程
2.1	垂直运输机械
3	装饰装修工程
3.1	垂直运输机械
3.2	室内空气污染测试
4	安装工程
4.1	组装平台
4.2	设备、管道施工的安全、防冻和焊接保护设施

续表

序号	项 目 名 称
4 安装工程	
4.3	压力容器和高压管道的检验
4.4	焦炉施工大棚
4.5	焦炉烘炉、热态工程
4.6	管道安装后的充气保护设施
4.7	隧道内施工的通风、供水、供气、供电、照明及通信设施
4.8	现场施工围栏
4.9	长输管道临时水工保护设施
4.10	长输管道施工便道
4.11	长输管道跨越或穿越施工设施
4.12	长输管道地下穿越地上建筑物的保护设施
4.13	长输管道工程施工队伍调遣
4.14	格架式桅杆
5 市政工程项目	
5.1	围堰
5.2	筑岛
5.3	现场施工围栏
5.4	便道
5.5	便桥
5.6	洞内施工的通风、供水、供气、供电、照明及通信设施
5.7	驳岸块石清理
6 矿山工程	
6.1	特殊安全技术措施
6.2	前期上山道路
6.3	作业平台
6.4	防洪措施
6.5	凿井措施
6.6	临时支护措施

2.2.4 其他项目清单的识读

其他项目清单指根据拟建工程的具体情况,在分部分项工程量清单和措施项目清单以外的项目。包括暂列金额、暂估价、计日工、总承包服务费等。

(1)暂列金额

暂列金额,是招标人暂定并包括在合同中的一笔款项。不管采用何种合同形式,其理想的标准是:一份合同的价格就是其最终的竣工结算价格,或者至少两者应尽可能接近。我国规定对政府投资工程实行概算管理，经项目审批部门批复的设计概算是工程投资控制的刚性指标，即使商业性开发项目也有成本的预先控制问题，否则，无法相对准确预测投资的收益和科学合理地进行投资控制。但工程建设自身的特性决定了工程的设计需要根据工程进展不断进行优化和调整，业主需求可能会随工程建设进展出现变化，工程建设过程还会存在一些不能预见、不能确定的因素，消化这些因素必然会影响合同价格的调整，所以工程实施过程中可能存在工程量清单漏项、有误引起的和施工中的工程设计变更引起标准提高或工程量的增加，施工中发生的索赔或现场签证确认的项目，以及合同约定调整因素出现时的工程价款调整等。暂列金额正是为这类不可避免的价格调整而设立，以便达到合理确定和有效控制工程造价的目标。国际上，一般用暂列金额来控制工程的投资追加金额。

暂列金额的数额大小与承包商没有关系，不能视为归承包商所有，只有按照合同约定程序实际发生后，才能成为中标人的应得金额，纳入合同结算价款中。扣除实际发生金额后的暂列金额余额仍属于招标人所有。

（2）暂估价

暂估价是指招标阶段直至签订合同协议时，招标人在招标文件中给定的用于支付必然要发生但暂时不能确定价格的材料以及专业工程的金额。所以，暂估价包括材料暂估价和专业工程暂估价。

（3）计日工

计日工是为了解决现场发生的零星工作的计价而设立的。国际上常见的标准合同条款中，大多数都设立了计日工(Daywork)计价机制。计日工对完成零星工作所消耗的人工工时、材料数量、机械台班进行计量，并按照计日工表中填报的适用项目的单价进行计价支付。计日工适用的所谓零星工作，一般是指合同约定之外的或因变更而产生的、工程量清单中没有相应项目的额外工作，尤其是那些时间不允许事先商定价格的额外工作。

（4）总承包服务费

总承包服务费是为了解决招标人在法律、法规允许的条件下进行专业工程发包以及自行供应材料、设备，并需要总承包人对发包的专业工程提供协调和配合服务，对供应材料、设备提供收、发和保管服务以及进行施工现场管理时发生，并向总承包人支付的费用。

2.2.5 规费与税金的识读

规费指政府和有关权力部门规定必须缴纳的费用。具体项目由清单编制人根据原建设部、财政部印发的《建筑安装工程费用项目组成》（建标［2003］206号）的规定编制，建筑安装工程未列出的项目，编制人应按照工程所在地政府和有关权力部门的规定编制。

税金指按国家税法规定，应计入建设工程造价内的营业税，城市维护建设税及教育费附加。

2.2.6 识读工程量清单的其他要求

工程量清单编制人还应该结合评标计分办法，在总说明中说明或附详表，提出投标文件的格式要求及要求提交的其他有关计价资料。如，要求提交"分部分项工程量清单综合单价分析表"、"措施项目费分析表"、"主要材料价格表"、"主要材料用量表"等。投标人应仔细识读在编制投标文件时应包含这些资料。

本书只介绍对分部分项工程量清单和措施项目清单进行报价，综合单价的编制。

2.3　计算报价工程量及清单单位含量

分部分项工程量是一个综合的数量。综合的意思是指一项工程量中，综合了若干项工程内容。报价工程量就是指该清单工程量投标报价所需要计算的各项工程量，包括主项工程量和附项工程量。如车库工程的屋面卷材防水清单工程量，根据清单工程量的项目特征描述，报价时应该计算的报价工程量包括：SBS改性沥青卷材防水工程量、1∶3水泥砂浆找平层工程量、1∶2水泥砂浆面层工程量。再如该车库工程的水泥砂浆地面清单工程量，根据清单工程量的项目特征表述，报价时应该计算的报价工程量包括：1∶2水泥砂浆地面工程量、C10混凝土地面面层工程量。

计算报价工程量有两种情况，一是报价工程量所选择的定额其工程量计算规则与清单工程量计算规则一致时，该报价工程量可直接采用工程量清单中的工程量。如车库工程的"屋面卷材防水"清单项目，清单工程量的计算规则与报价工程量计算规则都是一致的，则报价工程量混凝土清单工程量是一致的，即均为326.31m²。而车库工程的"水泥砂浆地面"清单项目，主项1∶2水泥砂浆地面，清单工程量的计算规则与报价工程量计算规则都是一致的，则报价工程量混凝土清单工程量是一致的，即为244.35m²，而附项C10混凝土垫层（100mm厚），报价工程量与清单工程量不一致，需要按照定额计算规则计算，按体积计算，即$V=244.35×0.1=24.35m^3$。

当采用清单单位含量计算人工费、材料费、机械使用费时，还需要计算每一计量单位的清单项目所分摊的工程内容的工程数量，即清单单位含量，计算公式(2-1)。

$$清单单位含量 = \frac{某工程内容的定额工程量}{清单工程量} \tag{2-1}$$

如车库工程的"屋面卷材防水"清单项目，每平方米的清单含量包括：1m²的改性沥青卷材防水工程量、1m²的1∶3水泥砂浆找平层工程量、1m²的1∶2水泥砂浆面层工程量。再如车库工程的"1∶2水泥砂浆地面"清单项目，每平方米的清单含量包括：$1m^2$ 的水泥砂浆地面、$0.1m^3$ 的C10混凝土垫层。

2.4 套用定额

将报价工程量的各项分部分项工程套用定额。定额的套用分三种情况：一是直接套用；二是定额换算；三是补充定额。

2.4.1 预算定额的直接套用

预算定额的直接套用适用于施工图的设计要求与预算定额的项目内容一致的情况，如M5混合砂浆砌实心砖墙(细砂)，定额子目为AC0011；现浇C20钢筋混凝土带形基础(中砂)，定额子目为AD0003；二布三涂APP改性沥青涂料防水层，定额子目为AG0411。大多数项目都可以直接套用，套用时应注意以下几点：

1) 根据施工图、设计说明和做法说明，选择定额项目。
2) 要从工程内容、技术特征和施工方法上仔细核对，才能准确地确定相对应的定额项目。
3) 分项工程的名称和计量单位要与预算定额相一致。

2.4.2 预算定额的换算

当施工图中的分项工程项目不能直接套用预算定额时，就产生了定额的换算。

（1）换算原则

为了保持定额的水平，在预算定额的说明中规定了有关换算原则，一般包括：

1) 定额的砂浆、混凝土强度等级，如设计与定额不同时，允许按定额附录的砂浆、混凝土配合比表换算，但配合比中的各种材料用量不得调整。
2) 定额中抹灰项目已经考虑了常用厚度，各层砂浆的厚度一般不作调整。如果设计有特殊要求时，定额中工、料可以按厚度比例换算。
3) 必须按预算定额的各项规定换算定额。

（2）预算定额的换算类型

预算定额的换算类型有以下四种：

1) 砂浆换算：即砌筑砂浆换强度等级、抹灰砂浆换配合比以及砂浆用量。
2) 混凝土换算：即构件混凝土、楼地面混凝土的强度等级、混凝土类型的换算。
3) 系数换算：按规定对定额中的人工费、材料费、机械费乘以各种系数的换算。
4) 其他换算：除上述三种情况以外的定额换算。

（3）定额换算的基本思路

定额换算的基本思路是：根据选定的预算定额基价，按规定换入增加的费用，减去扣除的费用。

这一思路用下列表达式表述：

换算后的定额基价＝原定额基价＋换入的费用－换出的费用

例如：某工程施工图设计用 M15 水泥砂浆砌砖墙，查预算定额只有 M5、M7.5、M10 水泥砂浆砌砖墙的项目，这时就需要选用预算定额中的某个项目，再根据定额附录中 M15 水泥砂浆的配合比用量和基价进行换算：

$$\text{换算后定额基价} = \text{M5(或M10)水泥砂浆砌砖墙定额基价} + \text{定额砂浆用量} \times \text{M15水泥砂浆基价} - \text{定额砂浆用量} \times \text{M5(或M10)水泥砂浆基价} \quad (2-2)$$

上述项目的定额基价换算示意如图 2-2。

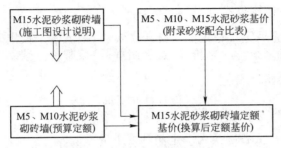

图 2-2 定额基价换算示意图

(4) 砌筑砂浆换算

1) 换算原因

当设计图纸要求的砌筑砂浆强度等级在预算定额中缺项时，就需要调整砂浆强度等级，求出新的定额基价。

2) 换算特点

由于砂浆用量不变，所以人工、机械费不变，因而只换算砂浆强度等级和调整砂浆材料费。

砌筑砂浆换算公式：

$$\text{换算后定额基价} = \text{原定额基价} + \text{定额砂浆用量} \times (\text{换入砂浆基价} - \text{换出砂浆基价}) \quad (2-3)$$

【例 2-1】 M7.5 水泥砂浆砌砖基础。

【解】 用公式(2-3)换算。

换算定额号：定-1(表 2-4)、附-1、附-2(表 2-4)

$$\begin{aligned}
\text{换算后定额基价} &= 1115.71 + 2.36 \times (144.10 - 124.32) \\
&= 1115.71 + 2.36 \times 19.78 \\
&= 1115.71 + 46.68 \\
&= 1162.39 \text{ 元}/10\text{m}^3
\end{aligned}$$

换算后材料用量(每 10m^3 砌体)：

32.5 级(MPa)水泥：$2.36 \times 341.00 = 804.76$ kg

中砂：$2.36 \times 1.10 = 2.596 \text{m}^3$

(5) 抹灰砂浆换算

1) 换算原因

当设计图纸要求的抹灰砂浆配合比或抹灰厚度与预算定额的抹灰砂浆配合比

或厚度不同时,就要进行抹灰砂浆换算。

2)换算特点

第一种情况:当抹灰厚度不变只换算配合比时,人工费、机械费不变,只调整材料费;

第二种情况:当抹灰厚度发生变化时,砂浆用量要改变,因而人工费、材料费、机械费均要换算。

3)换算公式

第一种情况的换算公式:

$$\text{换算后定额基价} = \text{原定额基价} + \text{抹灰砂浆定额用量} \times (\text{换入砂浆基价} - \text{换出砂浆基价}) \quad (2\text{-}4)$$

第二种情况换算公式:

$$K = \frac{\text{设计抹灰砂浆总厚}}{\text{定额抹灰砂浆总厚}}$$

$$\text{各层换入砂浆用量} = \frac{\text{定额砂浆用量}}{\text{定额砂浆厚度}} \times \text{设计厚度}$$

$$\text{各层换出砂浆用量} = \text{定额砂浆用量}$$

$$\text{换算后定额基价} = \text{原定额基价} + (\text{定额人工费} + \text{定额机械费}) \times (K-1)$$

$$+ \Sigma \left(\text{各层换入砂浆用量} \times \text{换入砂浆基价} - \text{各层换出砂浆用量} \times \text{换出砂浆基价} \right) \quad (2\text{-}5)$$

式中 k——工、机费换算系数。

【例 2-2】 1∶2 水泥砂浆底 13 厚,1∶2 水泥砂浆面 7 厚抹砖墙面。

【解】 用公式(2-4)换算(砂浆总厚不变)。

换算定额号:定-6(表 2-5)、附-6、附-7(表 2-7)。

建筑工程预算定额(摘录)　　　　　　　　　　表 2-4

工程内容:略

定额编号			定-1	定-2	定-3	定-4
定额单位			10m³	10m³	10m³	100m³
项目	单位	单价(元)	M5 水泥砂浆砌砖基础	现浇 C20 钢筋混凝土矩形梁	C15 混凝土地面垫层	1∶2 水泥砂浆墙基防潮层
基价	元		1115.71	6721.44	1673.96	675.29
其中	人工费	元		149.16	879.12	258.72	114.00
	材料费	元		958.99	5684.33	1384.26	557.31
	机械费	元		7.56	157.99	30.98	3.98
人工	基本工	工日	12.00	10.32	52.20	13.46	7.20
	其他工	工日	12.00	2.11	21.06	8.10	2.30
	合计	工日	12.00	12.43	73.26	21.56	9.5

续表

定额编号			定-1	定-2	定-3	定-4
定额单位			10m³	10m³	10m³	100m³
项目	单位	单价(元)	M5水泥砂浆砌砖基础	现浇C20钢筋混凝土矩形梁	C15混凝土地面垫层	1:2水泥砂浆墙基防潮层
材料	标准砖	千块	127.00	5.23			
	M5水泥砂浆	m³	124.32	2.36			
	木材	m³	700.00		0.138		
	钢模板	kg	4.60		51.53		
	零星卡具	kg	5.40		23.20		
	钢支撑	kg	4.70		11.60		
	φ10内钢筋	kg	3.10		471		
	φ10外钢筋	kg	3.00		728		
	C20混凝土(0.5~4)	m³	146.98		10.15		
	C15混凝土(0.5~4)	m³	136.02			10.10	
	1:2水泥砂浆	m³	230.02				2.07
	防水粉	kg	1.20				66.38
	其他材料费	元			26.83	1.23	1.51
	水	m³	0.60	2.31	13.52	15.38	
机械	200L砂浆搅拌机	台班	15.92	0.475			0.25
	400L混凝土搅拌机	台班	81.52		0.63	0.38	
	2t内塔吊	台班	170.61		0.625		

建筑工程预算定额（摘录）　　　　表2-5

工程内容：略

定额编号			定-5	定-6
定额单位			100m²	100m²
项目	单位	单价(元)	C15混凝土地面面层(60厚)	1:2.5水泥砂浆抹砖墙面(底13厚、面7厚)
基价		元	1018.38	688.24
其中	人工费	元	159.60	184.80
	材料费	元	833.51	451.21
	机械费	元	25.27	52.23
人工	基本工	工日	12.00	9.20	13.40
	其他工	工日	12.00	4.10	2.00
	合计	工日	12.00	13.30	15.40
材料	C15混凝土(0.5~4)	m³	136.02	6.06	
	1:2:5水泥砂浆	m³	210.72		2.10 (底:1.39 面:0.71)

续表

定额编号			定-5	定-6
定额单位			100m²	100m²
项目		单位	单价(元)	C15混凝土地面面层(60厚)	1:2.5水泥砂浆抹砖墙面(底13厚、面7厚)
材料	其他材料费	元			4.50
	水	m³	0.60	15.38	6.99
机械	200L砂浆搅拌机	台班	15.92		0.28
	400L砂浆搅拌机	台班	81.52	0.31	
	塔式起重机	台班	170.61		0.28

砌筑砂浆配合比表（摘录）　　　　单位：m³　表2-6

定额编号			附-1	附-2	附-2	附-4
项目		单位	单价(元)	水泥砂浆		
				M5	M7.5	M10	M15
基价		元		124.32	144.10	160.14	189.98
材料	32.5级水泥	kg	0.30	270.00	341.00	397.00	499.00
	中砂	m³	38.00	1.140	1.100	1.080	1.060

$$
\begin{aligned}
\text{换算后定额基价} &= 688.24 + 2.10 \times (230.02 - 210.72) \\
&= 688.24 + 2.10 \times 19.30 \\
&= 688.24 + 40.53 \\
&= 728.77 \; \text{元}/100\text{m}^2
\end{aligned}
$$

换算后材料用量（每100 m²）：

32.5级水泥：$2.10 \times 635 = 1333.50$ kg

中砂：$2.10 \times 1.04 = 2.184$ m³

【**例2-3**】　1:3水泥砂浆底15厚，1:2.5水泥砂浆面7厚抹砖墙面。

【**解**】　设计抹灰厚度发生了变化，故用公式(2-5)换算。换算定额号：定-6(表2-5)、附-7、附-8(表2-7)。

$$
\text{工、机费换算系数} \; K = \frac{15+7}{13+7} = \frac{22}{20} = 1.10
$$

$$
1:3 \text{水泥砂浆用量} = \frac{1.39}{13} \times 15 = 1.604 \; \text{m}^3
$$

$$
\begin{aligned}
\text{换算后定额基价} &= 688.24 + (184.80 + 52.23) \times (1.10 - 1) + 1.604 \times 182.82 - 1.39 \times 210.72 \\
&= 688.24 + 237.03 \times 0.10 + 293.24 - 292.90 \\
&= 688.24 + 23.70 + 293.24 - 292.90 \\
&= 712.28 \; (\text{元}/100\text{m}^2)
\end{aligned}
$$

1:2.5水泥砂浆用量不变。

换算后材料用量（每100m²）：

32.5级水泥：$1.604\times465+0.71\times558=1142.04$kg

中砂：$1.604\times1.14+0.71\times1.14=2.638$m³

【例2-4】 1:2水泥砂浆底14厚，1:2水泥砂浆面9厚抹砖墙面。

【解】 用公式(2-5)换算。

换算定额号：定-6(表2-5)、附-6、附-7(表2-7)。

抹灰砂浆配合比表(摘录) 单位：m³ 表2-7

定额编号			附-5	附-6	附-7	附-8
项目		单价(元)	水泥砂浆			
	单位		1:1.5	1:2	1:2.5	1:3
基价	元		254.40	230.02	210.72	182.82
材料	32.5级水泥	kg	0.30	734	635	558	465
	中砂	m³	38.00	0.90	1.04	1.14	1.14

$$工、机费换算系数 K=\frac{14+9}{13+7}=\frac{23}{20}=1.15$$

$$1:2水泥砂浆用量=\frac{2.10}{20}\times23=2.415 \text{m}^3$$

换算后定额基价 $=688.24+(184.80+52.23)\times(1.15-1)+2.415\times230.02-2.10\times210.72$

$=688.24+237.03\times0.15+555.50-442.51$

$=688.24+35.55+555.50-442.51$

$=836.78$ 元/100m²

换算后材料用量(每100m²)：

32.5级水泥：$2.415\times635=1533.53$kg

中砂：$2.415\times1.04=2.512$m³

(6) 构件混凝土换算

1) 换算原因

当设计要求构件采用的混凝土强度等级，在预算定额中没有相符合的项目时，就产生了混凝土强度等级或石子粒径的换算。

2) 换算特点

混凝土用量不变，人工费、机械费不变，只换算混凝土强度等级或石子粒径。

3) 换算公式

$$换算后定额基价=原定额基价+定额混凝土用量\times\left(换入混凝土基价-换出混凝土基价\right) \quad (2-6)$$

【例2-5】 现浇C25钢筋混凝土矩形梁。

【解】 用公式(2-6)换算。

换算定额号：定-2(表2-4)、附-10、附-11(表2-8)。

普通塑性混凝土配合比表(摘录)　　　　单位：m³　表2-8

定额编号			附-9	附-10	附-11	附-12	附-13	附-14
项目	单位	单价(元)	\multicolumn{6}{c}{最大粒径：40mm}
项目	单位	单价(元)	C15	C20	C25	C30	C35	C40
基价	元		136.02	146.98	162.63	172.41	181.48	199.18
材料 42.5级水泥	kg	0.30	274	313.00				
材料 52.5级水泥	kg	0.35			313	343	370	
材料 62.5级水泥	kg	0.40						368
材料 中砂	m³	38.00	0.49	0.46	0.46	0.42	0.41	0.41
材料 0.5～4砾石	m³	40.00	0.88	0.89	0.89	0.91	0.91	0.91

换算后定额基价 = 6721.44 + 10.15 × (162.63 − 146.98)

　　　　　　　= 6721.44 + 10.15 × 15.65

　　　　　　　= 6721.44 + 158.85

　　　　　　　= 6880.29 元/10m³

换算后材料用量(每10m³)：

52.5级水泥：10.15 × 313 = 3176.95kg

中砂：10.15 × 0.46 = 4.669m³

0.5～4砾石：10.15 × 0.89 = 9.034m²

(7) 楼地面混凝土换算

1) 换算原因

楼地面混凝土面层的定额单位一般是平方米。因此，当设计厚度与定额厚度不同时，就产生了定额基价的换算。

2) 换算特点

同抹灰砂浆的换算特点。

3) 换算公式

$$K = \frac{混凝土设计厚度}{混凝土定额厚度}$$

$$换入混凝土用量 = \frac{定额混凝土用量}{定额混凝土厚度} \times 设计混凝土厚度$$

$$换出混凝土用量 = 定额混凝土用量$$

$$\begin{aligned}换算后定额基价 =\ & 原定额基价 + (定额人工费 + 定额机械费) \times (K-1) \\ & + 换入混凝土用量 \times 换入混凝土基价 - 换出混凝土用量 \times 换出混凝土基价\end{aligned} \quad (2-7)$$

式中　k——工、机费换算系数。

【例 2-6】 C20 混凝土地面面层 80mm 厚。

【解】 用公式(2-7)换算。

换算定额号：定-5(表 2-5)、附-9、附-10(表 2-8)。

$$\text{工、机费换算系数 } K = \frac{8}{6} = 1.333$$

$$\text{换入混凝土用量} = \frac{6.06}{6} \times 8 = 8.08 \text{m}^3$$

换算后定额基价 = 1018.38 + (159.60 + 25.27) × (1.333 − 1) + 8.08 × 146.98 − 6.06 × 136.02

= 1018.38 + 184.87 × 0.333 + 1187.60 − 824.28

= 1018.38 + 61.56 + 1187.60 − 824.28

= 1443.26 元/100m²

换算后材料用量(每 100m²)：

42.5 级水泥：8.08 × 313 = 2529.04kg

中砂：8.08 × 0.46 = 3.717m³

0.5～4 砾石：8.08 × 0.89 = 7.191m³

(8) 乘系数换算

乘系数换算是指在使用某些预算定额项目时，定额的一部分或全部乘以规定的系数。例如，某地区预算定额规定，砌弧形砖墙时，定额人工费乘以 1.10 系数；楼地面垫层用于基础垫层时，定额人工费乘以系数 1.20。

【例 2-7】 C15 混凝土基础垫层。

【解】 根据题意按某地区预算定额规定，楼地面垫层定额用于基础垫层时，定额人工费乘以 1.20 系数。

$$\text{换算后定额基价} = \frac{\text{原定额}}{\text{基价}} + \frac{\text{定额}}{\text{人工费}} \times (\text{系数} - 1)$$

= 1673.96 + 258.72 × (1.20 − 1)

= 1673.96 + 258.72 × 0.20

= 1673.96 + 51.74

= 1725.5 元/10m³

(9) 其他换算

其他换算是指不属于上述几种换算情况的定额基价换算。

【例 2-8】 1:2 防水砂浆墙基防潮层(加水泥用量 8% 的防水粉)。

【解】 根据题意和定额"定-4"(表 2-4)内容应调整防水粉的用量。

换算定额号：定-4(表 2-4)、附-6(表 2-7)。

防水粉用量 = 定额砂浆用量 × 砂浆配合比中的水泥用量 × 8%

= 2.07 × 635 × 8%

= 105.16kg

$$\text{换算后定额基价} = \frac{\text{原定额}}{\text{基价}} + \frac{\text{防水粉}}{\text{单价}} \times \left(\frac{\text{防水粉}}{\text{换入量}} - \frac{\text{防水粉}}{\text{换出量}}\right)$$

= 675.29 + 1.20 × (105.16 − 66.38)

$$=675.29+1.20\times38.78$$
$$=675.29+46.54$$
$$=721.83 \text{元}/100\text{m}^2$$

材料用量（每 100m^2）：

32.5 级水泥：$2.07\times635=1314.45\text{kg}$

中砂：$2.07\times1.04=2.153\text{m}^3$

防水粉：$2.07\times635\times8\%=105.16\text{kg}$

2.4.3 补充定额

在定额执行过程中如遇缺项，应该由甲乙双方选择合理方法编制临时性定额，报工程所在地工程造价管理部门审批，并报省建设工程造价管理总站备案。

2.5 确定分部分项工程工料机消耗量

套用定额，就可以根据定额分析分项工程的工料机消耗量了。有的定额带有定额计价，消耗量只是材料的；有的定额不带定额基价，消耗量则不仅有材料的，还有人工、机械消耗量。

3 确定人工单价

(1) 关键知识点
1) 人工单价的组成内容；
2) 人工单价的确定方法；
3) 确定人工单价应考虑的因素。

(2) 主要技能
1) 收集影响人工单价的各种信息；
2) 市场调查当地的人工单价水平；
3) 确定人工单价。

(3) 教学建议
1) 对当地的劳务市场进行调查；
2) 课堂讨论当前有关政策法规对人工单价的影响；
3) 选择典型例题讲解分析；
4) "学"和"做"有机结合，加强学生主要技能的训练和培养。

3.1 人工单价的组成

(1) 人工单价的概念

人工单价是指一个建筑安装生产工人一个工作日在计价时应计入的全部人工费用。它基本上反映了建筑安装生产工人的工资水平和一个工人在一个工作日中可以得到的报酬。合理确定人工工日单价是正确计算人工费和工程造价的前提和基础。

(2) 人工单价的内容

人工单价一般包括基本工资、工资性津贴、生产工人辅助工资、职工福利费、生产工人劳动保护费等。

1) 基本工资：是指发放给生产工人的基本报酬，完成基本工作内容所得的劳动报酬。

2) 工资性津贴：是指按照规定标准发放的物价补贴，包括燃气补贴、交通补贴、住房补贴、流动施工津贴等。

3) 生产工人辅助工资：是指生产工人有效天数以外非作业天数的工资，包括职工学习、培训期间的工资，调动工作、探亲、休假期间的工资，因气候影响的停工工资，女工哺乳期间的工资，病假在6个月以内的工资及产、婚、丧假期的工资。

4) 职工福利费：是指按规定标准计提的职工福利费。

5) 生产工人劳动保护费：是指按规定标准发放的劳动保护用品的购置费及修理费，徒工服装补贴，防暑降温费，在有碍健康环境中施工的保健费用等。

按照现行规定，生产工人的人工工日单价组成内容见表3-1。

人工单价组成内容　　　　　　　　表3-1

基本工资	岗位工资
	技能工资
	工龄工资
工资性补贴	物价补贴
	燃气补贴
	交通补贴
	住房补贴
	流动施工补贴
	地区津贴
辅助工资	非作业工日发放的工资和工资性补贴
职工福利费	书报费
	洗理费用
	取暖费
劳动保护费	劳保用品购置及维修费
	徒工服装补贴
	防暑降温费
	保健费用

3.2 确定人工单价的依据

(1) 基本工资

根据原建设部［1992］680号"关于印发《全民所有制大中型建筑安装企业

岗位技能工资制试行方案》和《全民所有制建筑安装企业试行岗位技能工资制有关问题的意见》的通知"，生产工人的基本工资应执行岗位工资和技能工资制度。基本工资是按岗位工资、技能工资和工龄工资（按职工工作年限确定的工资）计算的。

岗位工资是根据劳动岗位的劳动责任轻重、劳动强度大小和劳动条件好差、兼顾劳动技能要求的高低确定的。工人岗位工资标准设 8 个岗次。技能工资是根据不同岗位、职位、职务对劳动技能的要求，同时兼顾职工所具备的劳动技能水平而确定的工资。技术工人技能工资分初级工、中级工、高级工、技师和高级技师五类工资标准分 26 档。

$$基本工资(G_1) = \frac{生产工人平均月工资}{年平均每月法定工作日} \tag{3-1}$$

其中，年平均每月法定工作日＝(全年日历日－法定假日)/12，法定假日指双休日和法定节日。

(2) 工资性补贴

是指按规定标准发放的物价补贴，燃气补贴，交通费补贴、住房补贴，流动施工津贴及地区津贴等。

$$工资性补贴(G_2) = \frac{\Sigma 年发放标准}{全年日历日－法定假日} + \frac{\Sigma 月发放标准}{年平均每月法定工作日} + 每工作日发放标准 \tag{3-2}$$

(3) 生产工人辅助工资

是指生产工人年有效施工天数以外无效工作日的工资，包括职工学习、培训期间的工资，调动工作、探亲、休假期间的工资，因气候影响的停工工资，女工哺乳时间的工资，病假在 6 个月以内的工资及产、婚、丧假期的工资。

$$生产工人辅助工资(G_3) = \frac{全年无效工作日 \times (G_1 + G_2)}{全年日历日－法定假日} \tag{3-3}$$

(4) 职工福利费

是指按规定标准计提的职工福利费。

$$职工福利费(G_4) = (G_1 + G_2 + G_3) \times 福利费计提比例(\%) \tag{3-4}$$

(5) 生产工人劳动保护费

是指按规定标准发放的劳动保护用品等的购置费及修理费，徒工服装补贴，防暑降温费，在有碍身体健康环境中的施工保健费用等。

3.3 确定人工单价的主要方法

(1) 根据劳务市场行情确定人工单价

目前，根据劳务市场行情确定人工单价已经成为计算工程劳务费的主流，这是社会主义市场经济发展的必然结果。企业可以从两个渠道了解劳务市场行情。

1) 造价管理部门发布的工程造价信息

各省、市建设工程造价主管部门都会根据相关规定,定期发布有关资源价格信息,负责本省、本市建筑材料、市场劳务及租赁价格。这些价格信息是全部使用国有资金或国有资金为主的工程在编标底或招标控制价时执行的价格,是工程量清单招标投标报价单价评审的依据。

2) 自行收集劳务市场信息

造价管理部分发布的资源价格信息,不可能反映出市场价格的随时变化情况,与市场价格信息总有一定的滞后与偏离。投标人进行投标报价时,为了提高竞争力,应准确掌握市场信息。所以,投标人可以自行收集劳务市场信息,并注意以下几个方面的问题:

① 要尽可能掌握劳动力市场价格中长期历史资料,这样我们以后采用数学模型预测人工单价将成为可能;

② 在确定人工单价时要考虑用工的季节性变化。当大量聘用农民工时,要考虑农忙季节时人工单价的变化;

③ 在确定人工单价时要采用加权平均的方法综合各劳务市场的劳动力单价;

④ 要分析拟建工程的工期对人工单价的影响。如果工期紧,那么人工单价按正常情况确定后要乘以大于 1 的系数。如果工期有拖长的可能,那么也要考虑工期延长带来的风险。

⑤ 要分析劳务队管理方式,对于成建制的劳务公司,相当于劳务分包,一般费用较高,但素质较可靠,工效较高,承包商的管理工作较轻;对于劳务市场招募零散劳动力,根据需要进行选择,这种方式虽然劳务价格低廉,但有时素质达不到要求或工效降低,且承包商的管理工作较繁重。投标人应在对劳务市场充分了解的基础上决定采用哪种方式,并以此为依据进行投标报价。

根据劳务市场行情确定人工单价的数学模型描述如下:

$$人工单价 = \sum_{i=1}^{n}(某劳务市场人工单价 \times 权重)_i \times 季节变化系数 \times 工期风险系数$$

【例】 据市场调查取得的资料分析,抹灰工在劳务市场的价格分别是:甲劳务市场 35 元/工日,乙劳务市场 38 元/工日,丙劳务市场 34 元/工日。调查表明,各劳务市场可提供抹灰工的比例分别为,甲劳务市场 40%,乙劳务市场 26%,丙劳务市场 34%,当季节变化系数、工期风险系数均为 1 时,试计算抹灰工的人工单价。

【解】

抹灰工的人工单价 = (35.00×40% + 38.00×26% + 34.00×34%) × 1 × 1

      = (14 + 9.88 + 11.56) × 1 × 1

      = 35.44 元/工日

取定为 35.50 元。

(2) 根据以往承包工程的情况确定人工单价

如果在本地以往承包过同类工程，可以根据以往承包工程的情况确定人工单价。

例如，以往在某地区承包过三个与拟建工程基本相同的工程，砖工每个工日支付了30.00~35.00元，这时我们就可以进行具体对比分析，在上述范围内（或超过一点范围）确定投标报价的砖工人工单价。

施工企业一般都有长期合作的劳务公司，并有关于人工单价的约定，可以以此确定人工单价。

（3）根据预算定额规定的工日单价确定

凡是分部分项工程项目含有基价的预算定额，都明确规定了人工单价，我们可以以此为依据确定拟投标工程的人工单价。

例如，四川省2009年《四川省建设工程工程量清单计价定额》，土建工程的技术工人每个工日50.00元，混凝土工45.00元，普工35.00元；装饰装修工程为：50.00元、细木工65.00元、其他技工55.00元、普工35.00元；安装工程（包括市政给水、燃气、给水排水机械设备安装、路灯工程）为：技工、普工综合50.00元。我们可以根据市场行情在此基础上乘以(1.2~1.6)一定的系数，确定拟投标工程的人工单价。

例如，川建价发［2009］11号规定，根据2009年《四川省建设工程工程量清单计价定额》（川建发［2008］453号）的有关规定，人工费调整系数由各市、州造价站根据当地劳动力单价的实际情况测算，报省建设工程造价管理总站批准后执行。

为便于各地测算，统一测算方法，现将人工费调整系数测算公式印发给你们，请遵照执行。

一、建筑、市政、园林绿化、抹灰工程、措施项目等人工费调整系数公式：

调整系数$=[(A-35)/35]\times 30\% +[(B-45)/45]\times 20\% +[(C-50)/50]\times 50\%$

A——建筑、市政、园林绿化、抹灰工程、措施项目等普工调整后的日工资单价；

B——建筑、市政、园林绿化、抹灰工程、措施项目等混凝土工调整后的日工资单价；

C——建筑、市政、园林绿化、抹灰工程、措施项目等技工调整后的日工资单价。

二、装饰工程（抹灰工程除外）人工费调整系数公式：

调整系数$=[(D-35)/35]\times 20\% +[(E-55)/55]\times 70\% +[(F-65)/65]\times 10\%$

D——装饰工程普工调整后的日工资单价。

E——装饰工程其他技工调整后的日工资单价。

F——装饰工程细木工调整后的日工资单价。

三、安装工程人工费调整系数公式：

$$调整系数=[(G-50)/50]\times 100\%$$

G——安装工程用工（包括普工、技工）调整后的日工资单价。

如：成都市等22个市、州2009年《四川省建设工程工程量清单计价定额》人工费调整幅度及计日工人工单价(表3-2)。

成都市等22个市、州2009年《四川省建设工程工程量清单计价定额》
人工费调整幅度及计日工人工单价　　　　　　　表3-2

序号	地区		人工费调整幅度			计日工人工单价(元/工日)							备注
			建筑、市政、园林绿化、抹灰工程、措施项目	装饰工程（抹灰工程除外）	安装工程	建筑、市政、园林绿化、抹灰工程、措施项目普工	建筑、市政、园林绿化、抹灰工程、措施项目混凝土工	建筑、市政、园林绿化、抹灰工程、措施项目技工	装饰普工	装饰技工	装饰细木工	安装技工、普工	
1	成都市	成都市区（青羊、锦江、金牛、武侯、成华及高新区）	34%	36%	34%	46	64	71	47	78	94	69	
		成都市近郊区（龙泉、新都、双流、郫县、温江）	32%	33%	32%	43	60	66	44	73	87	64	
		成都市的其他区（市）、县	30%	31%	30%	41	56	63	41	69	83	61	
2	德阳市		31.89%	22.62%	27%	46	63	68	46	68	80	65	
3	绵阳市	游仙	25.08%	13.57%	22.40%	41	57	65	41	63	67	61	
		江油	25.48%	15.13%	25.60%	43	58	64	43	68	68	63	
		三台	21.72%	9.29%	19.94%	40	54	63	40	62	65	59	
		盐亭	21.30%	10.18%	21.00%	40	56	62	40	65	65	61	
		安县	26.05%	12.16%	23.50%	41	59	65	41	62	67	62	
		梓潼	20.90%	9.35%	23.20%	41	56	61	41	60	66	62	
		平武	24.89%	12.10%	20.00%	42	56	64	42	61	68	60	
		北川	26.36%	12.25%	23.50%	41	59	65	41	62	67	62	
4	广元市		25.10%	15.82%	26%	42	59	63	42	63	76	63	含四县三区
5	达州市	通川区(达县)	21.71%	19.10%	10%	44	54	60	44	65	73	55	
		大竹	18.41%	16.95%	8%	43	53	58	43	64	71	54	
		开江	15.11%	14.95%	8%	42	52	56	42	63	70	54	
		渠县	15.11%	14.95%	8%	42	52	56	42	63	70	54	
		宣汉	18.41%	16.95%	8%	43	53	58	43	64	71	54	
		万源	15.11%	14.95%	8%	42	52	56	42	63	70	54	

续表

序号	地区	人工费调整幅度			计日工人工单价(元/工日)							备注
		建筑、市政、园林绿化、抹灰工程、措施项目	装饰工程(抹灰工程除外)	安装工程	建筑、市政、园林绿化、抹灰工程、措施项目普工	建筑、市政、园林绿化、抹灰工程、措施项目技工	建筑、市政、园林绿化、抹灰工程、措施项目混凝土工	装饰普工	装饰技工	装饰细木工	安装技工、普工	
6	南充市											
	顺庆区	5.29%	5.05%	4.95%	37	47	53	37	58	68	52	仅适用于城市规划区内
	高坪、嘉陵区	4.93%	4.73%	4.62%	37	47	53	37	58	68	52	仅适用于城市规划区内
	阆中市	4.93%	4.73%	3.97%	37	47	53	37	58	68	52	仅适用于保宁镇
	南部县	4.93%	4.73%	3.97%	37	47	53	37	58	68	52	仅适用于南隆镇
	西充县	4.93%	4.73%	3.97%	37	47	53	37	58	68	52	仅适用于晋城镇
	仪陇县	4.93%	4.73%	3.97%	37	47	53	37	58	68	52	仅适用于新政镇
	蓬安县	4.93%	4.73%	3.97%	37	47	53	37	58	68	52	仅适用于周口镇
	营山县	4.93%	4.73%	3.97%	37	47	53	37	58	68	52	仅适用于朗池镇
	其余乡镇	4.19%	4.01%	3.83%	36	47	52	36	57	67	52	除上述区域外所有乡镇
7	遂宁市											
	市城区	4.70%	2.95%	3.66%	32	46	57	36	57	67	52	
	船山区	1.29%	1.02%	1.25%	31	45	54	34	56	66	51	
	安居区	1.29%	1.02%	1.25%	31	45	54	34	56	66	51	
	射洪县	3.28%	1.53%	1.96%	32	46	55	36	57	67	51	
	蓬溪县	1.64%	1.22%	1.53%	31	45	54	34	56	66	51	
	大英县	1.64%	1.22%	1.53%	31	45	54	34	56	66	51	

续表

序号	地区		人工费调整幅度			计日工人工单价(元/工日)							备注
			建筑、市政、园林绿化、抹灰工程、措施项目	装饰工程(抹灰工程除外)	安装工程	建筑、市政、园林绿化、抹灰工程、措施项目普工	建筑、市政、园林绿化、抹灰工程、措施项目混凝土工	建筑、市政、园林绿化、抹灰工程、措施项目技工	装饰普工	装饰技工	装饰细木工	安装技工、普工	
8	广安市	广安	11.50%	10.33%	10.00%	40	50	55	40	60	70	55	
		武胜	7.93%	7.82%	6.00%	38	48	54	38	58	68	54	
		岳池	9.20%	8.22%	8.00%	39	49	54	39	59	69	54	
		华蓥	14.10%	14.40%	14.00%	42	52	57	42	62	72	57	
		邻水	12.10%	12.32%	12.00%	41	51	56	41	61	71	56	
9	巴中市	巴州区	13%	11%	8%	43	51	53	44	59	70	54	
		平昌县	8%	8%	8%	42	49	51	42	58	65	54	
		通江县	8%	6%	5%	42	49	51	42	57	65	53	
		南江县	10%	7%	8%	42	49	52	42	57	66	54	
		其余乡镇	2%	2%	3%	38	47	49	39	55	63	51	
10	资阳市		9.44%	6.36%	10%	35	55	55	35	60	65	55	
11	内江市		7.76%	9.13%	10.80%	39	48	53	40	58	69	54	
12	泸州市		9.90%	5.67%	14.40%	38	46	58	38	58	70	58	
13	自贡市		9.76%	10.21%	10.22%	40	52	58	40	64	75	58	
14	宜宾市		17.94%	10.44%	8.70%	45	59	65	45	66	77	60	
15	眉山市		24.39%	25.02%	28.80%	44	55	65	44	71	81	66	
16	乐山市		25.70%	24.50%	24.20%	46	55	69	46	75	81	64	
17	雅安市		19.80%	21.00%	17.60%	42	54	60	42	60	75	58	
18	阿坝州	汶川县	39%	37%	36%	46	61	72	46	76	87	68	
		理县											
		茂县											
		金川县	47%	43%	42%	50	65	75	50	79	90	71	
		马尔康县											
		小金县											
		松潘县											
		九寨沟县											
		黑水县											
		阿坝县	64%	59%	58%	57	72	83	57	87	98	79	
		若尔盖县											
		红原县											
		壤塘县											

续表

序号	地区		人工费调整幅度			计日工人工单价(元/工日)							备注
			建筑、市政、园林绿化、抹灰工程、措施项目	装饰工程(抹灰工程除外)	安装工程	建筑、市政、园林绿化、抹灰工程、措施项目普工	建筑、市政、园林绿化、措施项目混凝土工	建筑、市政、园林绿化、抹灰工程、措施项目技工	装饰普工	装饰技工	装饰细木工	安装技工、普工	
19	甘孜州	康定县 泸定县 海螺沟 丹巴县 九龙县	49%	40%	38%	42	77	79	42	81	86	69	
		道孚县 炉霍县 雅江县	55%	47%	44%	44	78	83	44	85	90	72	
		甘孜县 新龙县 乡城县 稻城县	60%	51%	48%	45	81	85	45	87	92	74	
		巴塘县 得荣县 白玉县 德格县	67%	57%	54%	48	84	89	48	90	95	77	
		石渠县 色达县 理塘县	83%	71%	68%	54	90	97	54	97	106	84	
20	凉山州		18.54%	17.05%	18.00%	44	56	58	44	65	72	60	
21	攀枝花市		19%	17%	20%	40	55	60	40	65	75	60	
22	广汉市		26.80%	21.20%	23%	42	58	65	42	65	68	61.5	

注：市政工程中的给水、燃气、给水排水机械设备安装、路灯工程执行安装工程相应标准。

编制设计概算、施工图预算、招标控制价（标底）时，人工单价就按照工程造价管理部门发布的人工费调整文件进行调整；编制投标报价时，投标人参照市场价格自主确定人工单价，但不得低于工程造价管理部门发布的人工费调整标准；编制和办理竣工结算时依据工程造价管理部门的规定及施工合同约定调整人工费。调整的人工费进入综合单价，但不作为计取其他费用的基础。

3.4　确定人工单价应考虑的因素

影响建筑安装工人人工单价的因素很多，归纳起来有以下几方面：

1) 社会平均工资水平。建筑安装工人人工单价必然和社会平均工资水平趋同。社会平均工资水平取决于经济发展水平。由于我国改革开放以来经济迅速增长，社会平均工资也有大幅增长，从而使人工单价大幅提高。

2) 生活消费指数。生活消费指数的提高会促使人工单价提高，以减少生活水平的下降，或维持原来的生活水平。生活消费指数的变动决定于物价的变动，尤其决定于生活消费品物价的变动。

3) 人工单价的组成内容。例如，住房消费、养老保险、医疗保险、失业保险等若列入人工单价，会使人工单价提高。

4) 劳动力市场供需变化。在劳动力市场如果需求大于供给，人工单价就会提高；供给大于需求，市场竞争激烈，人工单价就会下降。

5) 政府推行的社会保障和福利政策也会影响人工单价的变动。

4 确定材料单价

(1) 关键知识点
1) 材料单价的组成内容；
2) 材料单价的确定方法；
3) 确定材料单价应考虑的因素。

(2) 主要技能
1) 收集影响材料单价的各种信息；
2) 市场调查当地主要建筑材料的价格水平；
3) 确定材料单价。

(3) 教学建议
1) 对当地的建材市场进行调查；
2) 课堂讨论当前经济形势对材料价格的影响；
3) 选择典型例题讲解分析；
4) "学"和"做"有机结合，加强学生主要技能的训练和培养。

在建筑工程中，材料费约占总造价的60%～70%，在金属结构工程中所占比重还要大，是直接工程费的主要组成部分。因此，合理确定材料价格构成，正确计算材料价格，有利于合理确定和有效控制工程造价。

4.1 材料单价的构成

（1）材料价格的定义

材料价格是指材料(包括构件、成品及半成品等)从其来源地(或交货地点、供应者仓库提货地点)到达施工工地仓库(施工地点内存放材料的地点)后出库的综合平均价格。材料价格一般由材料原价(或供应价格)、材料运杂费、运输损耗费、采购及保管费组成。上述四项构成材料基价,此外在计价时,材料费中还应包括单独列项计算的检验试验费。

$$材料费 = \Sigma(材料消耗量 \times 材料基价) + 检验试验费 \tag{4-1}$$

(2) 材料价格分类

材料价格按适用范围划分,有地区材料价格和某项工程使用的材料价格。地区材料价格是按地区(城市或建设区域)编制,供该地区所有工程使用;某项工程(一般指大中型重点工程)使用的材料价格,是以一个工程为编制对象,专供该工程项目使用。

地区材料价格与某项工程使用的材料价格的编制原理和方法是一致的,只是在材料来源地、运输数量权数等具体数据上有所不同。

(3) 材料单价的构成

材料单价由材料原价(或供应价格)、材料运杂费、运输损耗费以及采购保管费、检验试验费合计而成的。

1) 材料原价(或供应价格)。材料原价是指材料的出厂价格,进口材料抵岸价或销售部门的批发牌价和市场采购价格(或信息价)。

在确定原价时,凡同一种材料因来源地、交货地、供货单位、生产厂家不同,而有几种价格(原价)时,根据不同来源地供货数量比例,采取加权平均的方法确定其综合原价。计算公式如下:

$$加权平均原价 = \frac{(K_1 C_1 + K_2 C_2 + \cdots + K_n C_n)}{(K_1 + K_2 + \cdots + K_n)} \tag{4-2}$$

式中 $K_1, K_2, \cdots, K_n$ ——各不同供应地点的供应量或各不同使用地点的需要量;

$C_1, C_2, \cdots, C_n$ ——各不同供应地点的原价。

2) 材料运杂费。材料运杂费是指材料自来源地运至工地仓库或指定堆放地点所发生的全部费用。含外埠中转运输过程中所发生的一切费用和过境过桥费用,包括调车和驳船费、装卸费、运输费及附加工作费等。

同一品种的材料有若干个来源地,应采用加权平均的方法计算材料运杂费。计算公式如下:

$$加权平均运杂费 = \frac{(K_1 T_1 + K_2 T_2 + \cdots + K_n T_n)}{(K_1 + K_2 + \cdots + K_n)} \tag{4-3}$$

式中 $K_1, K_2, \cdots, K_n$ ——各不同供应地点的供应量或各不同使用地点的需求量;

$T_1, T_2, \cdots, T_n$ ——各不同运距的运费。

3) 运输损耗。在材料的运输中应考虑一定的场外运输损耗费用。这是指材料在运输装卸过程中不可避免的损耗。运输损耗的计算公式是:

$$\text{运输损耗}=(\text{材料原价}+\text{运杂费})\times\text{相应材料损耗率} \quad (4-4)$$

4）采购及保管费。采购及保管费是指材料供应部门（包括工地仓库及其以上各级材料主管部门）在组织采购、供应和保管材料过程中所需的各项费用，包含：采购费、仓储费、工地管理费和仓储损耗。

采购及保管费一般按照材料到库价格以费率取定。材料采购及保管费计算公式如下：

$$\text{采购及保管费}=\text{材料运到工地仓库价格}\times\text{采购及保管费率}(\%) \quad (4-5)$$

或 采购及保管费＝（材料原价＋运杂费＋运输损耗费）×采购及保管费率(%)

综上所述，材料基价的一般计算公式为：

$$\text{材料基价}=\{(\text{供应价格}+\text{运杂费})\times[1+\text{运输损耗率}(\%)]\}\times[1+\text{采购及保管费率}(\%)] \quad (4-6)$$

【例】 某工地水泥从两个地方采购，其采购量及有关费用如下表所示，求该工地水泥的基价。

采购处	采购 (t)	原价 (元/t)	运杂费 (元/t)	运输损耗率 (%)	采购及保管费费率 (%)
来源一	300	240	20	0.5	3
来源二	200	250	15	0.4	

【解】 加权平均原价 $=\dfrac{300\times240+200\times250}{300+200}=244$ 元/t

加权平均运杂费 $=\dfrac{300\times20+200\times15}{300+200}=18$ 元/t

来源一的运输损耗费 $=(240+20)\times0.5\%=1.3$ 元/t

来源二的运输损耗费 $=(250+15)\times0.4\%=1.06$ 元/t

加权平均运输损耗费 $=\dfrac{300\times1.3+200\times1.06}{300+200}=1.204$ 元/t

水泥基价 $=(244+18+1.204)\times(1+3\%)\approx271.1$ 元/t

检验试验费是指对建筑材料、构件和建筑安装物进行一般鉴定、检查所发生的费用，包括自设试验室进行试验所耗用的材料和化学药品等费用。不包括新结构、新材料的试验费和建设单位对具有出厂合格证明的材料进行检验，对构件做破坏性试验及其他特殊要求

检验试验的费用。其计算公式如下：

$$\text{检验试验费}=\Sigma(\text{单位材料量检验试验费}\times\text{材料消耗量}) \quad (4-7)$$

由于我国幅员广大，建筑材料产地与使用地点的距离，各地差异很大，且采购、保管、运输方式也不尽相同，因此材料价格原则上按地区范围编制。

4.2 确定材料单价的主要方法

材料单价的确定主要根据市场信息确定,企业可以从两个渠道了解劳务市场行情。

(1) 造价管理部门发布的工程造价信息

同样,企业可以从造价管理部门定期发布的资源价格信息,了解材料的市场价格。需要注意的是,造价管理部门发布的工程材料价格信息是中标工程材料风险价格的基准价格,颁布的价格已经包括了采购、运至施工现场仓库和保管费用。

(2) 自行收集材料市场信息

造价管理部分发布的资源价格信息,不可能反映出市场价格的随时变化情况,与市场价格信息总有一定的滞后与偏离。投标人进行投标报价时,为了提高竞争力,应准确掌握市场信息。所以,投标人可以自行收集材料市场信息,并注意以下几个方面的问题。

1) 企业可以采取以下渠道收集价格信息

① 可以采取直接与生产厂商联系。

② 向生产厂商的代理人或从事该项业务的经纪人了解。

③ 向经营该项产品的销售商了解。

④ 向咨询公司进行询价。通过咨询公司所得到的询价资料比较可靠,但需要支付一定的咨询费用,也可向同行了解。

⑤ 通过互联网查询。

⑥ 自行进行市场调查或信函询价。

2) 对不同供应商调查对比材料价格、供应数量、运输方式、保险和有效期、不同买卖条件下的支付方式等,特别注意两个问题,一是产品质量必须可靠,并满足招标文件的有关规定;二是供货方式、时间、地点,有无附加条件和费用。

3) 在施工方案初步确定后,立即发出材料询价单,并催促材料供应商及时报价。收到询价单后,询价人员应将从各种渠道所询得的材料报价及其他有关资料汇总整理。

4) 对同种材料从不同经销部门所得到的所有资料进行比较分析,选择合适、可靠的材料供应商的报价,投标报价时使用。

4.3 影响材料价格变动的因素

1) 市场供需变化。材料原价是材料价格中最基本的组成。市场供大于求价格就会下降;反之,价格就会上升。从而也就会影响材料价格的涨落。

2）材料生产成本的变动直接带动材料价格的波动。

3）流通环节的多少和材料供应体制也会影响材料价格。

4）运输距离和运输方法的改变会影响材料运输费用的增减，从而也会影响材料价格。

5）国际市场行情会对进口材料价格产生影响。

5 确定机械台班单价

(1) 关键知识点
1) 机械台班单价的组成内容；
2) 机械台班单价的确定方法；
3) 确定机械台班单价应考虑的因素。

(2) 主要技能
1) 收集影响机械台班价格的各种信息；
2) 市场调查当地主要施工机械的租赁价格水平；
3) 确定机械台班单价。

(3) 教学建议
1) 对当地的施工机械租赁市场进行调查；
2) 选择典型例题讲解分析；
3) "学"和"做"有机结合，加强学生主要技能的训练和培养。

施工机械使用费是根据施工中耗用的机械台班数量和机械台班单价确定的。施工机械台班耗用量按有关定额规定计算；施工机械台班单价是指一台施工机械，在正常运转条件下一个工作班中所发生的全部费用，每台班按8h工作制计算。正确制定施工机械台班单价是合理控制工程造价的重要方面。

5.1 机械台班单价的构成

根据《2001年全国统一施工机械台班费用编制规则》的规定，施工机械台班单价由七项费用组成，包括折旧费、大修理费、经常修理费、安拆费及场外运费、人工费、燃料动力费、其他费用等。

（1）折旧费的组成及确定

折旧费是指施工机械在规定使用期限内，陆续收回其原值及购置资金的时间价值。计算公式如下：

$$台班折旧费 = \frac{机械预算价格 \times (1-残值率) \times 时间价值系数}{耐用总台班} \quad (5-1)$$

1）机械预算价格

① 国产机械的预算价格。国产机械预算价格按照机械原值、供销部门手续费和一次运杂费以及车辆购置税之和计算。

A. 机械原值。国产机械原值应按下列途径询价、采集：

a. 编制期施工企业已购进施工机械的成交价格。

b. 编制期国内施工机械展销会发布的参考价格。

c. 编制期施工机械生产厂、经销商的销售价格。

B. 供销部门手续费和一次运杂费可按机械原值的5%计算。

C. 车辆购置税的计算。车辆购置税应按下列公式计算：

$$车辆购置税 = 计税价格 \times 车辆购置税率(\%) \quad (5-2)$$

其中，计税价格＝机械原值＋供销部分手续费和一次运杂费－增值税

车辆购置税应执行编制期间国家有关规定。

② 进口机械的预算价格。进口机械的预算价格按照机械原值、关税、增值税、消费税、外贸手续费和国内运杂费、财务费、车辆购置税之和计算。

A. 进口机械的机械原值按其到岸价格取定。

B. 关税、增值税、消费税及财务费应执行编制期国家有关规定，并参照实际发生的费用计算。

C. 外贸部门手续费和国内一次运杂费应按到岸价格的6.5%计算。

D. 车辆购置税的计税价格是到岸价格、关税和消费税之和。

2）残值率

残值率是指机械报废时回收的残值占机械原值的百分比。残值率按目前有关规定执行：运输机械2%，掘进机械5%，特大型机械3%，中小型机械4%。

3）时间价值系数

时间价值系数指购置施工机械的资金在施工生产过程中随着时间的推移而产生的单位增值。其公式如下：

$$时间价值系数 = 1 + \frac{(折旧年限+1)}{2} \times 年折现率(\%) \quad (5-3)$$

其中，年折现率应按编制期银行年贷款利率确定。

4）耐用总台班

耐用总台班指施工机械从开始投入使用至报废前使用的总台班数，应按施工机械的技术指标及寿命期等相关参数确定。

机械耐用总台班的计算公式为：

耐用总台班＝折旧年限×年工作台班＝大修间隔台班×大修周期　　（5-4）

年工作台班是根据有关部门对各类主要机械最近三年的统计资料分析确定。

大修间隔台班是指机械自投入使用起至第一次大修止或自上一次大修后投入使用起至下一次大修止,应达到的使用台班数。

大修周期是指机械在正常的施工作业条件下,将其寿命期(即耐用总台班)按规定的大修理次数划分为若干个周期。其计算公式：

$$大修周期＝寿命期大修理次数＋1 \quad (5-5)$$

(2) 大修理费的组成及确定

大修理费是指机械设备按规定的大修间隔台班进行必要的大修理,以恢复机械正常功能所需的费用。台班大修理费是机械使用期限内全部大修理费之和在台班费用中的分摊额,它取决于一次大修理费用、大修理次数和耐用总台班的数量。其计算公式为：

$$台班大修理费＝\frac{一次大修理费×寿命期内大修理次数}{耐用总台班} \quad (5-6)$$

1) 一次大修理费指施工机械一次大修理发生的工时费、配件费、辅料费、油燃料费及送修运杂费。

一次大修费应以《全国统一施工机械保养修理技术经济定额》为基础,结合编制期市场价格综合确定。

2) 寿命期大修理次数指施工机械在其寿命期(耐用总台班)内规定的大修理次数,应参照《全国统一施工机械保养修理技术经济定额》确定。

(3) 经常修理费的组成及确定

指施工机械除大修理以外的各级保养和临时故障排除所需的费用。包括为保障机械正常运转所需替换与随机配备工具附具的摊销和维护费用,机械运转及日常保养所需润滑与擦拭的材料费用及机械停滞期间的维护和保养费用等。各项费用分摊到台班中,即为台班经修费。其计算公式为：

$$台班经修费＝\frac{\Sigma(各级保养一次费用×寿命期各级保养总次数)＋临时故障排除费}{耐用总台班}$$
$$＋替换设备和工具附具台班摊销费＋例保辅料费 \quad (5-7)$$

当台班经常修理费计算公式中各项数值难以确定时,也可按下列公式计算：

$$台班经修费＝台班大修费×K \quad (5-8)$$

式中　K——台班经常修理费系数。

1) 各级保养一次费用。分别指机械在各个使用周期内为保证机械处于完好状况,必须按规定的各级保养间隔周期,保养范围和内容进行的一、二、三级保养或定期保养所消耗的工时、配件、辅料、油燃料等费用。应以《全国统一施工机械保养修理技术经济定额》为基础,结合编制期市场价格综合确定。

2) 寿命期各级保养总次数。分别指一、二、三级保养或定期保养在寿命期内各个使用周期中保养次数之和,应按照《全国统一施工机械保养修理技术经济定额》确定。

3）临时故障排除费。指机械除规定的大修理及各级保养以外，排除临时故障所需费用以及机械在工作日以外的保养维护所需润滑擦拭材料费，可按各级保养（不包括例保辅料费）费用之和的3%计算。

4）替换设备及工具附具台班摊销费。指轮胎、电缆、蓄电池、运输皮带、钢丝绳、胶皮管、履带板等消耗性设备和按规定随机配备的全套工具附具的台班摊销费用。

5）例保辅料费。即机械日常保养所需润滑擦拭材料的费用。替换设备及工具附具台班摊销费、例保辅料费的计算应以《全国统一施工机械保养修理技术经济定额》为基础，结合编制期市场价格综合确定。

（4）安拆费及场外运费的组成和确定

安拆费指施工机械在现场进行安装与拆卸所需的人工、材料、机械和试运转费用以及机械辅助设施的折旧、搭设、拆除等费用；场外运费指施工机械整体或分体自停放地点运至施工地点或由一施工地点运至另一施工地点的运输、装卸、辅助材料及架线等费用。

安拆费及运费根据施工机械不同分为计入台班单价、单独计算和不计算三种类型。

1）工地间移动较为频繁的小型机械及部分中型机械，其安拆费及场外运费应计入台班单价。台班安拆费及场外运费应按下列公式计算：

$$台班安拆费及场外运费 = \frac{一次安拆费及场外运费 \times 年平均安拆次数}{年工作台班} \quad (5-9)$$

① 一次安拆费应包括施工现场机械安装和拆卸一次所需的人工费、材料费、机械费及试运转费。

② 一次场外运费应包括运输、装卸、辅助材料和架线等费用。

③ 年平均安拆次数应以《全国统一施工机械保养修理技术经济定额》为基础，由各地区（部门）结合具体情况确定。

④ 运输距离均应按25km计算。

2）移动有一定难度的特、大型（包括少数中型）机械，其安拆费及场外运费应单独计算。

单独计算的安拆费及场外运费除应计算安拆费、场外运费外，还应计算辅助设施（包括基础、底座、固定锚桩、行走轨道枕木等）的折旧、搭设和拆除等费用。

3）不需安装、拆卸且自身又能开行的机械和固定在车间不需安装、拆卸及运输的机械，其安拆费及场外运费不计算。

4）自升式塔式起重机安装、拆卸费用的超高起点及其增加费，各地区（部门）可根据具体情况确定。

（5）人工费的组成和确定

人工费指机上司机（司炉）和其他操作人员的工作日人工费及上述人员在施工机械规定的年工作台班以外的人工费。按下列公式计算：

$$台班人工费 = 人工消耗量 \times \left(1 + \frac{年制度工作日 - 年工作台班}{年工作台班}\right) \times 人工日工资单价$$
(5-10)

1) 人工消耗量指机上司机(司炉)和其他操作人员工日消耗量。
2) 年制度工作日应执行编制期国家有关规定。
3) 人工日工资单价应执行编制期工程造价管理部门的有关规定。

(6) 燃料动力费的组成和确定

燃料动力费是指施工机械在运转作业中所耗用的固体燃料(煤、木柴)、液体燃料(汽油、柴油)及水、电等费用。计算公式如下:

$$台班燃料动力费 = 台班燃料动力消耗量 \times 相应单价 \quad (5-11)$$

1) 燃料动力消耗量应根据施工机械技术指标及实测资料综合确定。例如可采用下列公式:

$$台班燃料动力消耗量 = (实测数 \times 4 + 定额平均值 + 调查平均值)/6 \quad (5-12)$$

2) 燃料动力单价应执行编制期工程造价管理部门的有关规定。

(7) 其他费用的组成和确定

其他费用是指按照国家和有关部门规定应交纳的养路费、车船使用税、保险费及年检费用等。其计算公式为:

$$台班其他费用 = \frac{年养路费 + 年车船使用税 + 年保险费 + 年检费用}{年工作台班} \quad (5-13)$$

1) 年养路费、年车船使用税、年检费用应执行编制期有关部门的规定。
2) 年保险费执行编制期有关部门强制性保险的规定,非强制性保险不应计算在内。

5.2 确定机械台班单价的主要方法

(1) 自有施工机械

使用本企业的施工机械,可以按照以上方法确定机械台班单价。

(2) 租赁施工机械

企业没有施工机械,或者在外地施工需要的机械设备,有时在当地租赁或采购可能更为有利。

租赁施工机械,则应该按照租赁市场价格确定。租赁价格也可以从两个渠道了解:

1) 造价管理部门发布的工程造价信息

同样,企业可以从造价管理部门定期发布的资源价格信息,了解施工机械的租赁价格。

2) 自行收集施工机械租赁信息

造价管理部分发布的资源价格信息,不可能反映出市场价格的随时变化情况,与市场价格信息总有一定的滞后与偏离。投标人进行投标报价时，为了提高竞争力，应准确掌握市场信息。所以，投标人可向专门从事租赁业务的机构询价，并应详细了解其计价方法。

许多地方计价定额对施工机械费以机械费表示，没有罗列具体的机械和台班消耗。有的定额项目注明了机械油料消耗量的项目，油价变化时，机械费的燃料动力费按照材料费调整的规定进行调整，并调整相应定额的机械费，机械费中除动力燃料费以外的费用调整，由省建设工程造价管理总站根据住房和城乡建设部的规定以及四川省实际进行统一调整。调整的机械费进入综合单价。

6 确定企业管理费和利润

(1) 关键知识点
1) 企业管理费的组成内容；
2) 企业管理费的确定方法；
3) 利润的确定方法。

(2) 主要技能
合理确定企业管理费和利润。

(3) 教学建议
1) 对当地的企业管理费和利润取费情况进行调查；
2) 选择典型例题讲解分析；
3) "学"和"做"有机结合，加强学生主要技能的训练和培养。

建筑安装工程间接费包括规费和企业管理费，利润及税金是建筑安装企业职工为社会劳动所创造的那部分价值在建筑安装工程造价中的体现。规费和税金是不可竞争费，不纳入综合单价中，本书不予介绍，规费和税金的计算将在"工程量清单报价书编制"一书中介绍。在此，只介绍进入综合单价的企业管理费和利润的确定方法。

6.1 企业管理费的构成

企业管理费是指建筑安装企业组织施工生产和经营管理所需费用。根据《建筑安装工程费用项目组成》，内容包括：
(1) 管理人员工资：是指管理人员的基本工资、工资性补贴、职工福利费、劳动保护费等。

（2）办公费：是指企业管理办公用的文具、纸张、账表、印刷、邮电、书报、会议、水电、烧水和集体取暖（包括现场临时宿舍取暖）用煤等费用。

（3）差旅交通费：是指职工因公出差、调动工作的差旅费、住勤补助费、市内交通费和误餐补助费、职工探亲路费、劳动力招费、职工离退休、退职一次性路费、工伤人员就医路费、工地转移费以及管理部门使用交通工具的油料、燃料、养路费及牌照费。

（4）固定资产使用费：是指管理和试验部门及附属生产单位使用的属于固定资产的房屋、设备仪器等折旧、大修、维修或租赁费。

（5）工具用具使用费：是指管理使用的不属于固定资产的生产工具、器具、家具、交通工具和检验、试验、测绘、消防、用具等的购置、维修和摊销费。

（6）劳动保险费：是指由企业支付离退休职工的易地安家补助费、职工退职金、六个月以上的病假人员工资、职工死亡丧葬补助费、按规定支付给离退休干部的各项经费。

（7）工会经费：是指企业按职工工资总额计提的工会计费。

（8）职工教育经费：是指企业为职工学习先进技术和提高文化水平、按职工工资总额计提的费用。

（9）财产保险费：是指施工管理用财产、车辆保险。

（10）财务费：是指企业为筹集资金而发生的各种费用。

（11）税金：是指企业按规定缴纳的房产税、车船使用税、土地使用税、印花税等。

（12）其他：包括技术转让费、技术开发费、业务招待费、绿化费、广告费、公证费、法律顾问费、审计费、咨询费等。

在许多国家，施工企业的业务费往往是管理费中所占比例最大的一项，大约占整个管理费的 30%～38%。

6.2 企业管理费的计算

6.2.1 企业管理费的计算方法

根据《建筑安装工程费用参考计算方法》，企业管理费的计算方法按取费基数的不同分为以下三种：

（1）以直接费为计算基础

$$间接费 = 直接费合计 \times 企业管理费费率(\%) \tag{6-1}$$

（2）以人工费和机械费合计为计算基础

$$间接费 = 人工费和机械费合计 \times 企业管理费费率(\%) \tag{6-2}$$

（3）以人工费为计算基础

$$间接费 = 人工费合计 \times 企业管理费费率(\%) \tag{6-3}$$

6.2.2 企业管理费费率的计算方法

(1) 以直接费为计算基础

$$企业管理费费率(\%) = 生产工人年平均管理费 \div 年有效施工天数 \times 人工单价 \times 人工费占直接费比例(\%) \qquad (6-4)$$

(2) 以人工费和机械费合计为计算基础

$$企业管理费费率(\%) = 生产工人年平均管理费 \div [年有效施工天数 \times (人工单价 + 每一日机械使用费)] \times 100\% \qquad (6-5)$$

(3) 以人工费为计算基础

$$企业管理费费率(\%) = 生产工人年平均管理费 \div (年有效施工天数 \times 人工单价) \times 100\% \qquad (6-6)$$

6.3 利润的计算方法

6.3.1 利润的定义

利润是指施工企业完成所承包工程获得的盈利。

6.3.2 利润的计算方法

利润的计算因计算基础的不同而不同。

(1) 以直接费为计算基础时利润的计算方法

$$利润 = (直接费 + 间接费) \times 相应利润率(\%) \qquad (6-7)$$

(2) 以人工费和机械费为计算基础时利润的计算方法

$$利润 = 直接费中的人工费和机械费合计 \times 相应利润率(\%) \qquad (6-8)$$

(3) 以人工费为计算基础的计算方法

$$利润 = 直接费中的人工费合计 \times 相应利润率(\%) \qquad (6-9)$$

6.3.3 利润率的确定

企业应根据市场的竞争状况和经营目标确定适当的利润水平。取定的利润水平过高可能会导致丧失一定的市场机会,确定的利润水平过低又会面临很大的市场风险,相对于固定的成本水平而言,利润率的选定体现了企业的定价策略,利润率的确定是否合理也反映出企业的市场成熟度。

在国际市场上,施工企业的利润一般为成本的10%～15%,也有的管理费与利润合取,为直接费的30%左右。具体工程的利润率要根据具体情况,如工程难易、现场条件、工期长短、竞争对手等随行就市确定。

有的地区计价定额基价中包括了企业管理费和利润,统称为"综合费"。并规定综合费由省建设工程造价管理总站根据实际情况统一调整。

7

确定综合单价

(1) 关键知识点
1) 招标控制价的概念;
2) 招标控制价的编制依据;
3) 招标控制价综合单价的组成内容;
4) 投标报价的概念;
5) 投标报价的编制依据;
6) 投标报价综合单价的组成内容。

(2) 主要技能
1) 编制招标控制价的综合单价;
2) 编制投标报价的综合单价。

(3) 教学建议
1) 选择典型例题讲解分析;
2) "学"和"做"有机结合,加强学生主要技能的训练和培养。

7.1 招标控制价中综合单价的确定

7.1.1 招标控制价的概念及相关规定

招标控制价是招标人根据国家或省级、行业建设主管部门颁发的有关计价依据和办法,按设计施工图纸计算的,对招标工程限定的最高工程造价,也可称其为拦标价、预算控制价或最高报价等。

(1) 招标控制价的产生背景

招标控制价是《建设工程工程量清单计价规范》GB 50500—2008 修订中新增

的专业术语，它是在建设市场发展过程中对传统标底概念的性质进行的界定，这主要是由于我国工程建设项目施工招标从推行工程量清单计价以来，对招标时评标定价的管理方式发生了根本性的变化。具体表现在：从1983年原建设部试行施工招标投标制到2003年7月1日推行工程量清单计价这一时期，各地对中标价基本上采取不得高于标底的3%，不得低于标底的3%或5%的限制性措施评标定标，在这一评标方法下，标底必需保密，这一原则也在2000年实施的《中华人民共和国招标投标法》中得到了体现。但在2003年推行工程量清单计价以后，由于各地基本取消了中标价不得低于标底多少的规定，从而出现了新的问题，即根据什么来确定合理报价。实践中，一些工程项目在招标中除了过度的低价恶性竞争外，也出现了所有投标人的投标报价均高于招标人的标底，即使是最低的报价，招标人也不能接受，但由于缺乏相应的制度规定，招标人如不接受投标又产生了招标的合法性问题。针对这一新的形式，为避免投标人串标、哄抬标价，我国多个省、市相继出台了控制最高限价的规定，但在名称上有所不同，包括拦标价、最高报价、预算控制价、最高限价等，并大多要求在招标文件中将其公布，并规定投标人的报价如超过公布的最高限价，其投标将作为废标处理。由此可见，面临新的招标形式，在修订2003版清单计价规范时，为避免与招标投标法关于标底必须保密的规定相违背，因此采用了"招标控制价"这一概念。

（2）招标控制价应用中应注意的主要问题

对于招标控制价及其规定，注意从以下方面理解：

1）国有资金投资的工程建设项目应实行工程量清单招标，并应编制招标控制价。这是因为：根据《中华人民共和国招标投标法》的规定，国有资金投资的工程进行招标，招标人可以设标底。当招标人不设标底时，为有利于客观、合理的评审投标报价和避免哄抬标价，造成国有资产流失，招标人应编制招标控制价，作为招标人能够接受的最高交易价格。

2）招标控制价超过批准的概算时，招标人应将其报原概算审批部门审核。这是由于我国对国有资金投资项目的投资控制实行的是投资概算审批制度，国有资金投资的工程原则上不能超过批准的投资概算。

3）投标人的投标报价高于招标控制价的，其投标应予以拒绝。这是因为：国有资金投资的工程，招标人编制并公布的招标控制价相当于招标人的采购预算，同时要求其不能超过批准的概算，因此，招标控制价是招标人在工程招标时能接受投标人报价的最高限价。国有资金中的财政性资金投资的工程在招投标时还应符合《中华人民共和国政府采购法》相关条款的规定。如该法第三十六条规定："在招标采购中，出现下列情形之一的，应予废标……（三）投标人的报价均超过了采购预算，采购人不能支付的。"依据这一精神，规定了国有资金投资的工程，投标人的投标不能高于招标控制价，否则，其投标将被拒绝。

4）招标控制价应由具有编制能力的招标人或受其委托，具有相应资质的工程造价咨询人编制。这里要注意的是，应由招标人负责编制招标控制价，当招标人不具有编制招标控制价的能力时，根据《工程造价咨询企业管理办法》（原建设部令第

149号)的规定,可委托具有工程造价咨询资质的工程造价咨询企业编制。工程造价咨询人不得同时接受招标人和投标人对同一工程的招标控制价和投标报价的编制。

5)招标控制价应在招标文件中公布,不应上调或下浮,招标人应将招标控制价及有关资料报送工程所在地工程造价管理机构备查。这里应注意的是,招标控制价的作用决定了招标控制价不同于标底,无需保密。为体现招标的公平、公正,防止招标人有意抬高或压低工程造价,招标人应在招标文件中如实公布招标控制价,不得对所编招标控制价进行上浮或下调。招标人在招标文件中公布招标控制价时,应公布招标控制价部分的详细内容,不得只公布招标控制价总价。同时,招标人应将招标控制价报工程所在地的工程造价管理机构备查。

6)投标人经复核认为招标人公布的招标控制价未按照《建设工程工程量清单计价规范》的规定进行编制的,应在开标前5日向招投标监督机构或(和)工程造价管理机构投诉。招投标监督机构应会同工程造价管理机构对投诉进行处理,发现确有错误的,应责成招标人修改。在这里,实际上是赋予了投标人对招标人不按规范的规定编制招标控制价进行投诉的权利。同时要求招投标监督机构和工程造价管理机构担负并履行对未按规定编制招标控制价的行为进行监督处理的责任。

7.1.2 招标控制价的编制依据

招标控制价的计价依据主要是:

(1)《建设工程工程量清单计价规范》GB 50500—2008。
(2)国家或省级、行业建设主管部门颁发的计价定额和计价办法。
(3)建设工程设计文件及相关资料。
(4)招标文件中的工程量清单及有关要求。
(5)与建设项目相关的标准、规范、技术资料。
(6)工程造价管理机构发布的工程造价信息,如工程造价信息发布的参照市场价。
(7)其他的相关资料。

7.1.3 招标控制价中综合单价的编制

招标控制价的编制内容包括分部分项工程费、措施项目费、其他项目费、规费和税金,在此,只介绍综合单价的编制,其他内容在《清单报价书编制》教材中介绍。

(1)分部分项工程清单综合单价的编制

1)分部分项工程清单综合单价应根据招标文件中的分部分项工程量清单及有关要求,按《建设工程工程量清单计价规范》有关规定确定。这里所说的综合单价,是指完成一个规定计量单位的分部分项工程量清单项目(或措施清单项目)所需的人工费、材料费、施工机械使用费和企业管理费与利润,以及一定范围内的风险费用。

2)工程量依据招标文件中提供的分部分项工程量清单确定。

3)招标文件提供了暂估单价的材料,应按暂估的单价计入综合单价。

4)为使招标控制价与投标报价所包含的内容一致,综合单价中应包括招标文件中要求投标人承担的风险内容及其范围(幅度)产生的风险费用。

(2) 措施项目综合单价的编制要求

措施项目费中的安全文明施工费应当按照国家或省级、行业建设主管部门的规定标准计价。其他措施项目应按招标文件中提供的措施项目清单确定，措施项目采用分部分项工程综合单价形式进行计价的工程量，应按措施项目清单中的工程量，并按与分部分项工程工程量清单单价相同的方式确定综合单价；以"项"为单位的方式计价的，依有关规定按综合价格计算，包括除规费、税金以外的全部费用。

具体编制方法详见7.3。

7.1.4 招标控制价分部分项工程综合单价编制实例

（1）工程对象：某车库，见教材附录。

（2）招标人没有能力编制招标控制价，与某造价咨询公司签订委托合同，由该造价咨询公司编制清单，并完成招标控制价的编制。

（3）编制招标控制价情况假设：

招标控制价编制人认真分析了招标文件、收集了造价管理部门发布资源价格以及有关工程造价调整的政策文件等情况后，对招标控制价的编制提出以下措施：

1）采用本省颁布的最新的计价定额，按照其消耗量标准计算招标控制价。

2）目前政府发布的人工费调整系数，工程所在地的调整系数是31.89%。

3）根据造价管理部门发布的价格信息报价（表7-1），造价信息没有的材料，根据本单位掌握的市场价格进行计价，该市场价格已经包含采购、运至施工现场仓库和保管等全部费用。

工程所在地造价管理部门发布的价格信息（节选）　　表7-1

年　月

材料名称	型号规格	单位	造价信息价格（元）	招标控制价编制人掌握的市场价格（元）
圆钢	φ6.5～φ10	t	3760	
圆钢	φ10～φ24	t	3780	
螺纹钢	φ12～φ14	t	4000	
螺纹钢	综合（不含φ12～φ14）	t	3820	
普通硅酸盐水泥	32.5袋装小厂（复合）	t	410	
商品混凝土	C10（小厂）	m³	245	
标准砖		千匹	280	
中砂		m³	65	
细砂		m³	65	
砾石	5～40mm	m³	42	
石灰膏		m³		120
汽油	90号	L	5.26	
SBC防水卷材	哈高科300g	m²		12.5
改性沥青嵌缝油膏				2.00
石油沥青	30号	t	4000	
铝合金推拉窗	成品，90系列，5mm厚玻璃	m²	170（不含安装）	
水		m³		2.50
801胶		kg		1.00

4）造价管理部门没有发布关于机械费调整的通知，机械费按照计价定额确定，不予调整。

5）造价管理部门没有发布关于综合费调整的通知，综合费按照计价定额确定，不予调整。

（4）定额摘录（见附录2）

根据以上假设情况和定额资料，该工程的招标控制价的编制举例如下：

表-08

分部分项工程量清单与计价表

工程名称：车库工程（建筑工程）　　　　　标段：　　　　　　第1页 共3页

序号	项目编码	项目名称	项目特征描述	计量单位	工程量	金额(元)		
						综合单价	合价	其中：暂估价
			A.1 土(石)方工程					
	010101001001	平整场地	1. 土壤类别：Ⅱ类土 2. 弃土举例：投标人自行确定 3. 取土距离：投标人自行确定	m²	262.55			
	010101003001	挖基础土方	1. 土壤类别：Ⅱ类土 2. 基础类型：独立基础 3. 垫层底宽：2900mm×2900mm 4. 挖土深度：1.45m 5. 弃土运距：1km	m³	146.33			
			（其他略）					
			分部小计					
			A.3 砌筑工程					
	010301001001	砖基础	1. 砖品种、规格、强度等级：MU7.5 页岩砖：240mm×115mm×53mm 2. 基础类型：带形 3. 基础深度：0.35m 4. 砂浆：M2.5 水泥砂浆	m³	5.91			
	010302001001	实心砖墙	1. 砖品种、规格、强度等级：MU7.5 页岩砖：240mm×115mm×53mm 2. 墙体类型：女儿墙 3. 墙厚：0.115m 4. 墙高：0.24m 5. 砂浆：M2.5 混合砂浆	m³	2.21			
			分部小计					
			本页小计					
			合　计					

注：根据原建设部、财政部颁发的《建筑安装工程费用组成》（建标[2003]206号）的规定，为计取规费等的使用，可在表中增设，其中："直接费"、"人工费"或"人工费+机械费"。

表-08

分部分项工程量清单与计价表

工程名称：车库工程(建筑工程)   标段：   第2页 共3页

序号	项目编码	项目名称	项目特征描述	计量单位	工程量	金额(元)		
						综合单价	合价	其中：暂估价
			A.4 混凝土及钢筋混凝土工程					
	010403001001	基础梁	1. 梁底标高：-0.80m；-1.00m 2. 梁截面：250mm×450mm；250mm×650mm 3. 混凝土强度等级：C20 4. 拌合料要求：按规范	m³	8.73			
	010416001001	现浇混凝土钢筋(圆钢≤ϕ10)	钢筋种类、规格：圆钢≤ϕ10	t	1.356			
			(其他略)					
			分部小计					
			A.7 屋面及防水工程					
	010702001001	屋面卷材防水	1. 卷材品种：SBS改性沥青卷材 2. 做法：1:3水泥砂浆找平层25厚，卷材一道，胶粘剂两道 3. 防护材料：1:2.5水泥砂浆20厚	m²	326.31			
			(其他略)					
			分部小计					
			(其他分部工程略)					
			本页小计					
			合 计					

注：根据原建设部、财政部颁发的《建筑安装工程费用组成》(建标[2003]206号)的规定，为计取规费等的使用，可在表中增设，其中："直接费"、"人工费"或"人工费+机械费"。

表-08

分部分项工程量清单与计价表

工程名称：车库工程(装饰工程)　　　　　　　标段：　　　　　　　第3页　共3页

序号	项目编码	项目名称	项目特征描述	计量单位	工程量	综合单价	合价	其中：暂估价
			B.1 楼地面工程					
	020101001001	水泥砂浆地面	1. 垫层材料、厚度：C10 混凝土 100 厚 2. 面层配合比、厚度：1∶2 水泥砂浆 20 厚	m²	244.35			
			B.2 墙柱面工程					
	020201001001	内墙面抹灰	1. 墙体种类：砖墙 2. 砂浆配合比：1∶0.5∶2.5 混合砂浆 3. 厚度：20 厚	m²	222.84			
			(其他略)					
			分部小计					
			B.3 天棚工程					
	020301001001	天棚抹灰	1. 基层类型：现浇钢筋混凝土板 2. 抹灰厚度、砂浆配合比：基层刷 801 胶水泥浆一道，1∶0.5∶2.5 混合砂浆 12 厚，1∶0.3∶3 混合砂浆 4 厚	m²	342.17			
			(其他略)					
			分部小计					
			B.4 门窗工程					
	020406005001	铝合金推拉窗	1. 窗类型：90 白色铝合金推拉窗 2. 框材质、外围尺寸：铝合金、2080mm×2380mm 3. 扇材质、外围尺寸：铝合金、尺寸详见设计、带窗纱 4. 玻璃品种、厚度：5 厚白玻璃	m²	40.32			
			(其他略)					
			分部小计					
			本页小计					
			合　　计					

注：根据原建设部、财政部颁发的《建筑安装工程费用组成》(建标〔2003〕206 号)的规定，为计取规费等的使用，可在表中增设，其中："直接费"、"人工费"或"人工费＋机械费"。

表-09

工程量清单综合单价分析表

工程名称：车库工程(建筑工程) 　　　标段：　　　　　第1页 共11页

项目编码	010101001001	项目名称		平整场地		计量单位		m²
清单综合单价组成明细									

定额编号	定额名称	定额单位	数量	单价				合价			
				人工费	材料费	机械费	管理费和利润	人工费	材料费	机械费	管理费和利润
AA0001	平整场地	100m²	0.01	49.79	—	49.96	10.96	0.50	—	0.50	0.11
人工单价		小　计						0.50	—	0.50	0.11
元/工日		未计价材料费									
清单项目综合单价									1.11		

材料费明细	主要材料名称、规格、型号	单位	数量	单价(元)	合价(元)	暂估单价(元)	暂估合价(元)
	其他材料费				—		
	材料费小计				—		

注：1. 如不使用省级或行业建设主管部门发布的计价依据，可不填定额项目、编号等。
　　2. 招标文件提供了暂估单价的材料，按暂估的单价填入表内"暂估单价"及"暂估合价"栏。

表-09

工程量清单综合单价分析表

工程名称：车库工程(建筑工程) 标段： 第2页 共11页

项目编码	010101003001	项目名称	挖基础土方	计量单位	m³

清单综合单价组成明细									
定额编号	定额名称	定额单位	数量	单价				合价		
				人工费	材料费	机械费	管理费和利润	人工费	材料费	机械费	管理费和利润
AA0004	挖基坑土方	10m³	0.10	131.56	—	—	12.47	13.16	—	—	1.25
人工单价			小计				13.16			1.25
元/工日			未计价材料费							
清单项目综合单价								14.41			

材料费明细	主要材料名称、规格、型号	单位	数量	单价（元）	合价（元）	暂估单价（元）	暂估合价（元）
	其他材料费					—	—
	材料费小计					—	

注：1. 如不使用省级或行业建设主管部门发布的计价依据，可不填定额项目、编号等。
2. 招标文件提供了暂估单价的材料，按暂估的单价填入表内"暂估单价"及"暂估合价"栏。

表-09

工程量清单综合单价分析表

工程名称：车库工程(建筑工程) 　　　　标段：　　　　　第3页 共11页

项目编码	010301001001	项目名称		砖基础		计量单位	m^3
清单综合单价组成明细							
定额编号	定额名称	定额单位	数量	单价			
				人工费	材料费	机械费	管理费和利润
				合价			
				人工费	材料费	机械费	管理费和利润
AC0003	水泥砂浆砌砖基础	$10m^3$	0.10	596.80	1874.00	7.86	138.11
				59.68	187.40	0.79	13.81
人工单价		小计		59.68	187.37	0.79	13.81
元/工日		未计价材料费					
		清单项目综合单价					261.68

材料费明细	主要材料名称、规格、型号	单位	数量	单价（元）	合价（元）	暂估单价（元）	暂估合价（元）
	M5水泥砂浆	m^3	0.238	168.03	39.99		
	标准砖	匹	524	0.28	146.72		
	水	m^3	0.114	2.50	0.69		
	水泥32.5	kg	(53.788)	0.41	(22.05)		
	细砂	m^3	(0.276)	65	(17.94)		
	其他材料费				—		—
	材料费小计				187.40	—	

注：1. 如不使用省级或行业建设主管部门发布的计价依据，可不填定额项目、编号等。
　　2. 招标文件提供了暂估单价的材料，按暂估的单价填入表内"暂估单价"及"暂估合价"栏。

表-09

工程量清单综合单价分析表

工程名称：车库工程(建筑工程)　　　　　标段：　　　　　第4页 共11页

项目编码	010302001001	项目名称	实心砖墙	计量单位	m³

清单综合单价组成明细											
定额编号	定额名称	定额单位	数量	单价				合价			
				人工费	材料费	机械费	管理费和利润	人工费	材料费	机械费	管理费和利润
AC0011	混合砂浆砌实心砖墙	10m³	0.10	676.79	1856.60	7.27	156.13	67.68	186.56	0.73	15.61
人工单价		小计					67.68	186.56	0.73	15.61	
元/工日		未计价材料费									
清单项目综合单价									270.68		

材料费明细	主要材料名称、规格、型号	单位	数量	单价（元）	合价（元）	暂估单价（元）	暂估合价（元）
	M5 水泥砂浆	m³	0.224	165.45	37.06		
	标准砖	匹	531	0.28	148.68		
	水	m³	0.121	2.50	0.30		
	水泥 32.5	kg	(40.096)	0.41	(16.44)		
	细砂	m³	(0.26)	65	(16.90)		
	石灰膏	m³	(0.031)	120	(3.72)		
	其他材料费			—	0.52	—	
	材料费小计			—	186.56	—	

注：1. 如不使用省级或行业建设主管部门发布的计价依据，可不填定额项目、编号等。
　　2. 招标文件提供了暂估单价的材料，按暂估的单价填入表内"暂估单价"及"暂估合价"栏。

7 确定综合单价

表-09

工程量清单综合单价分析表

工程名称：车库工程(建筑工程)   标段：   第 5 页 共 11 页

| 项目编码 | 010403001001 | | 项目名称 | | 基础梁 | | 计量单位 | | m³ |

| 清单综合单价组成明细 ||||||||||

定额编号	定额名称	定额单位	数量	单价				合价			
				人工费	材料费	机械费	管理费和利润	人工费	材料费	机械费	管理费和利润
AD0092	C20混凝土基础梁	10m³	0.10	491.09	1973.40	56.04	149.94	49.11	197.34	5.60	14.99
人工单价			小计					49.11	197.34	5.60	14.99
元/工日			未计价材料费								
清单项目综合单价								267.04			

材料费明细	主要材料名称、规格、型号	单位	数量	单价（元）	合价（元）	暂估单价（元）	暂估合价（元）
	C20混凝土	m³	1.015	190.56	193.42		
	水	m³	1.073	2.50	2.68		
	水泥 32.5	kg	(301.455)	0.41	(123.60)		
	中砂	m³	(0.497)	65	(32.31)		
	砾石 5~40mm	m³	(0.893)	42	(37.51)		
	其他材料费			—	1.24	—	
	材料费小计			—	197.34	—	

注：1. 如不使用省级或行业建设主管部门发布的计价依据，可不填定额项目、编号等。
    2. 招标文件提供了暂估单价的材料，按暂估的单价填入表内"暂估单价"及"暂估合价"栏。

表-09

工程量清单综合单价分析表

工程名称:车库工程(建筑工程)　　　　标段:　　　　第6页 共11页

项目编码	010416001001	项目名称	现浇混凝土钢筋(圆钢≤φ10)	计量单位	t

清单综合单价组成明细									
定额编号	定额名称	定额单位	数量	单价				合价			
^	^	^	^	人工费	材料费	机械费	管理费和利润	人工费	材料费	机械费	管理费和利润
AD0885	现浇混凝土钢筋(圆钢≤φ10)	t	1.00	785.01	4114.26	30.71	187.77	785.01	4114.26	30.71	187.77
人工单价		小计					785.01	4114.26	30.71	187.77
元/工日		未计价材料费								
清单项目综合单价								5117.75			

材料费明细	主要材料名称、规格、型号	单位	数量	单价(元)	合价(元)	暂估单价(元)	暂估合价(元)
^	圆钢≤φ10	t	1.08	3760	4060.80		
^							
^							
^							
^							
^							
^	其他材料费			—	53.46		
^	材料费小计			—	4114.26		

注:1. 如不使用省级或行业建设主管部门发布的计价依据,可不填定额项目、编号等。
　　2. 招标文件提供了暂估单价的材料,按暂估的单价填入表内"暂估单价"及"暂估合价"栏。

表-09

工程量清单综合单价分析表

工程名称：车库工程(建筑工程)　　　　　标段：　　　　　第7页 共11页

项目编码	010702001001	项目名称		屋面卷材防水		计量单位		m²
清单综合单价组成明细								

定额编号	定额名称	定额单位	数量	单价				合价			
				人工费	材料费	机械费	管理费和利润	人工费	材料费	机械费	管理费和利润
AG0378	弹性体(SBS)改性沥青卷材防水	100m²	0.01	484.30	1786.00	—	110.16	4.84	17.86	—	1.10
BA0006＋BA0015	1:3水泥砂浆找平层	100m²	0.01	552.16	650.00	8.25	104.66	5.52	6.50	0.08	1.05
BA0024－BA0026	1:2水泥砂浆面层	100m²	0.01	500.26	708.00	6.68	94.82	5.00	7.08	0.07	0.95
人工单价			小　计				15.36	31.44	0.15	3.10		
元/工日			未计价材料费								
清单项目综合单价								50.05			

材料费明细	主要材料名称、规格、型号	单位	数量	单价(元)	合价(元)	暂估单价(元)	暂估合价(元)
	弹性体(SBS)改性沥青卷材聚酯胎Ⅰ型 3mm	m²	1.13	12.50	14.13		
	冷底子油 30:70	kg	0.5712	5.32	3.04		
	改性沥青嵌缝油膏	kg	0.107	2.00	0.21		
	1:3水泥砂浆	m³	0.0253	255.34	6.46		
	1:2水泥砂浆	m³	0.0202	313.86	6.34		
	水泥浆	m²	0.001	630.00	0.63		
	水	m³	0.0596	2.50	0.15		
	石油沥青30号	kg	(0.1828)	4.00	(0.73)		
	汽油	kg	(0.4398)	5.26	(2.31)		
	水泥32.5	kg	(24.8437)	0.41	(10.19)		
	中砂	m³	(0.0499)	65.00	(3.24)		
	其他材料费			—	0.48	—	
	材料费小计			—	31.44	—	

注：1. 如不使用省级或行业建设主管部门发布的计价依据，可不填定额项目、编号等。
　　2. 招标文件提供了暂估单价的材料，按暂估的单价填入表内"暂估单价"及"暂估合价"栏。

表-09

工程量清单综合单价分析表

工程名称：车库工程(装饰工程)　　　　标段：　　　　第8页　共11页

项目编码	020101001001	项目名称		水泥砂浆地面		计量单位		m²

清单综合单价组成明细								
定额编号	定额名称	定额单位	数量	单价				合价
				人工费	材料费	机械费	管理费和利润	人工费	材料费	机械费	管理费和利润
BA0024—BA0026	1:2水泥砂浆面层	100m²	0.01	500.26	708.00	6.68	94.82	5.00	7.08	0.07	0.95
AD0022	C10混凝土地面垫层	10m³	0.01	174.09	2497.00	9.89	56.76	1.74	24.97	0.10	0.57
人工单价			小计					6.74	32.05	0.17	1.52
元/工日			未计价材料费								
清单项目综合单价									40.48

材料费明细	主要材料名称、规格、型号	单位	数量	单价(元)	合价(元)	暂估单价(元)	暂估合价(元)
	1:2水泥砂浆	m³	0.0202	313.86	6.34		
	水泥浆	m²	0.001	630.00	0.63		
	水	m³	0.0714	2.50	0.17		
	C10商品混凝土	m³	0.1015	245	24.87		
	水泥32.5	kg	(13.6611)	0.41	(5.60)		
	中砂	m³	(0.021)	65.00	(1.37)		
	其他材料费			—	0.04	—	
	材料费小计			—	32.05	—	

注：1. 如不使用省级或行业建设主管部门发布的计价依据，可不填定额项目、编号等。
　　2. 招标文件提供了暂估单价的材料，按暂估的单价填入表内"暂估单价"及"暂估合价"栏。

表-09

工程量清单综合单价分析表

工程名称：车库工程(装饰工程) 　　　标段：　　　第9页 共11页

项目编码	020201001001	项目名称	内墙面抹灰	计量单位	m²
清单综合单价组成明细					

定额编号	定额名称	定额单位	数量	单价				合价			
				人工费	材料费	机械费	管理费和利润	人工费	材料费	机械费	管理费和利润
(BB0007-BB0057)换	混合砂浆抹砖墙	100m²	0.01	666.37	673.00	7.27	126.31	6.66	6.73	0.07	1.26
人工单价				小计					6.66	6.72	0.07	1.26
元/工日				未计价材料费								
清单项目综合单价										14.72		

材料费明细	主要材料名称、规格、型号	单位	数量	单价（元）	合价（元）	暂估单价（元）	暂估合价（元）
	1:0.5:2.5混合砂浆（细砂）	m³	0.0214	260.28	5.57		
	水	m³	0.0155	2.50	0.04		
	水泥32.5	kg	(9.2448)	0.41	(3.79)		
	细砂	m³	(0.0208)	65.00	(1.35)		
	石灰膏	m³	(0.0036)	120.00	(0.43)		
	其他材料费			—	1.12	—	
	材料费小计			—	6.73	—	

注：1. 如不使用省级或行业建设主管部门发布的计价依据，可不填定额项目、编号等。
　　2. 招标文件提供了暂估单价的材料，按暂估的单价填入表内"暂估单价"及"暂估合价"栏。

表-09

工程量清单综合单价分析表

工程名称：车库工程(装饰工程) 　　　标段： 　　　第10页 共11页

项目编码	020301001001	项目名称	天棚抹灰	计量单位	m²

清单综合单价组成明细									
定额编号	定额名称	定额单位	数量	单价				合价			
				人工费	材料费	机械费	管理费和利润	人工费	材料费	机械费	管理费和利润
BC0005	混合砂浆抹天棚	100m²	0.01	815.70	529.00	6.48	154.62	8.16	5.29	0.06	1.55
人工单价		小计						8.16	5.29	0.06	1.55
元/工日		未计价材料费									
清单项目综合单价								15.06			

材料费明细	主要材料名称、规格、型号	单位	数量	单价(元)	合价(元)	暂估单价(元)	暂估合价(元)
	1：0.3：3混合砂浆（细砂）	m³	0.0041	256.10	1.05		
	1：0.5：2.5混合砂浆（细砂）	m³	0.0135	260.74	3.52		
	1：0.1：0.2水泥801胶浆（细砂）	m³	0.001	600.00	0.60		
	水	m³	0.0182	2.50	0.05		
	水泥32.5	kg	(8.7739)	0.41	(3.60)		
	细砂	m³	(0.0177)	65.00	(1.15)		
	801胶水	kg	(0.102)	1.00	(0.10)		
	石灰膏	m³	(0.0027)	120.00	(0.32)		
	其他材料费			—	0.07	—	
	材料费小计			—	5.29	—	

注：1. 如不使用省级或行业建设主管部门发布的计价依据，可不填定额项目、编号等。
　　2. 招标文件提供了暂估单价的材料，按暂估的单价填入表内"暂估单价"及"暂估合价"栏。

表-09

工程量清单综合单价分析表

工程名称：车库工程(装饰工程)　　　　标段：　　　　第 11 页 共 11 页

项目编码	020406005001	项目名称		铝合金推拉窗		计量单位		m²

清单综合单价组成明细								
定额编号	定额名称	定额单位	数量	单价			合价		
^	^	^	^	人工费	材料费	机械费	管理费和利润	人工费	材料费	机械费	管理费和利润
BD0147	铝合金推拉窗	100m²	0.01	2438.32	17273	139.45	924.38	24.38	172.73	1.39	9.24
人工单价		小计						24.38	172.73	1.39	9.24
元/工日 || 未计价材料费								
清单项目综合单价									207.74		

材料费明细	主要材料名称、规格、型号	单位	数量	单价（元）	合价（元）	暂估单价（元）	暂估合价（元）
^	90系列铝合金推拉窗 5厚玻璃	m²	0.951	170	161.67		
^							
^							
^							
^							
^							
^							
^							
^	其他材料费			—	11.06	—	
^	材料费小计			—	172.73	—	

注：1. 如不使用省级或行业建设主管部门发布的计价依据，可不填定额项目、编号等。
　　2. 招标文件提供了暂估单价的材料，按暂估的单价填入表内"暂估单价"及"暂估合价"栏。

表-08

分部分项工程量清单与计价表

工程名称：车库工程（建筑工程）　　　　　标段：　　　　　　　第1页 共3页

序号	项目编码	项目名称	项目特征描述	计量单位	工程量	金额（元）		
						综合单价	合价	其中：暂估价
			A.1 土（石）方工程					
	010101001001	平整场地	1. 土壤类别：Ⅱ类土 2. 弃土举例：投标人自行确定 3. 取土距离：投标人自行确定	m^2	262.55	0.11	28.88	
	010101003001	挖基础土方	1. 土壤类别：Ⅱ类土 2. 基础类型：独立基础 3. 垫层底宽：2900mm×2900mm 4. 挖土深度：1.45m 5. 弃土运距：1km	m^3	146.33	14.41	2108.62	
			（其他略）					
			分部小计					
			A.3 砌筑工程					
	010301001001	砖基础	1. 砖品种、规格、强度等级：MU7.5页岩砖：240mm×115mm×53mm 2. 基础类型：带形 3. 基础深度：0.35m 4. 砂浆：M2.5水泥砂浆	m^3	5.91	261.68	1546.53	
	010302001001	实心砖墙	1. 砖品种、规格、强度等级：MU7.5页岩砖：240mm×115mm×53mm 2. 墙体类型：女儿墙 3. 墙厚：0.115m 4. 墙高：0.24m 5. 砂浆：M2.5混合砂浆	m^3	2.21	270.68	598.20	
			分部小计					
			本页小计					
			合　　计					

注：根据原建设部、财政部颁发的《建筑安装工程费用组成》（建标［2003］206号）的规定，为计取规费等的使用，可在表中增设，其中："直接费"、"人工费"或"人工费＋机械费"。

表-08

分部分项工程量清单与计价表

工程名称：车库工程（建筑工程） 标段： 第2页 共3页

序号	项目编码	项目名称	项目特征描述	计量单位	工程量	金额（元）		
						综合单价	合价	其中：暂估价
			A.4 混凝土及钢筋混凝土工程					
	010403001001	基础梁	1. 梁底标高：—0.80m；—1.00m 2. 梁截面：250mm×450mm；250mm×650mm 3. 混凝土强度等级：C20 4. 拌合料要求：按规范	m^3	8.73	267.04	2331.30	
	010416001001	现浇混凝土钢筋（圆钢≤Φ10）	钢筋种类、规格：圆钢≤Φ10	t	1.356	5117.75	6939.67	
			（其他略）					
			分部小计					
			A.7 屋面及防水工程					
	010702001001	屋面卷材防水	1. 卷材品种：SBS改性沥青卷材 2. 做法：1∶3水泥砂浆找平层25厚，卷材一道，胶粘剂两道 3. 防护材料：1∶2.5水泥砂浆20厚	m^2	326.31	50.05	16331.82	
			（其他略）					
			分部小计					
			（其他分部工程略）					
			分部小计					
			本页小计					
			合　　计					

注：根据原建设部、财政部颁发的《建筑安装工程费用组成》（建标〔2003〕206号）的规定，为计取规费等的使用，可在表中增设，其中："直接费"、"人工费"或"人工费＋机械费"。

表-08

分部分项工程量清单与计价表

工程名称：车库工程(装饰工程)   标段：   第3页 共3页

序号	项目编码	项目名称	项目特征描述	计量单位	工程量	金额(元)		
						综合单价	合价	其中：暂估价
			B.1楼地面工程					
	020101001001	水泥砂浆地面	1.垫层材料、厚度：C10混凝土100厚 2.面层配合比、厚度：1：2水泥砂浆20厚	m²	244.35	40.48	9891.29	
			B.2墙柱面工程					
	020201001001	内墙面抹灰	1.墙体种类：砖墙 2.砂浆配合比：1：0.5：2.5混合砂浆 3.厚度：20厚	m²	222.84	14.72	3280.20	
			(其他略)					
			分部小计					
			B.3天棚工程					
	020301001001	天棚抹灰	1.基层类型：现浇钢筋混凝土板 2.抹灰厚度、砂浆配合比：基层刷801胶水泥浆一道，1：0.5：2.5混合砂浆12厚，1：0.3：3混合砂浆4厚	m²	342.17	15.06	5153.08	
			(其他略)					
			分部小计					
			B.4门窗工程					
	020406005001	铝合金推拉窗	1.窗类型：90白色铝合金推拉窗 2.框材质、外围尺寸：铝合金、2080mm×2380mm 3.扇材质、外围尺寸：铝合金、尺寸详见设计、带窗纱 4.玻璃品种、厚度：5厚白玻璃	m²	40.32	207.74	8376.08	
			(其他略)					
			分部小计					
			本页小计					
			合 计					

注：根据原建设部、财政部颁发的《建筑安装工程费用组成》(建标〔2003〕206号)的规定，为计取规费等的使用，可在表中增设，其中："直接费"、"人工费"或"人工费+机械费"。

招标控制价的综合单价计算过程

(1) 010101001001　平整场地

根据清单规范的规定，套用当地政府发布的计价依据，即《四川省建筑工程量清单计价定额》定额 AA0001　平整场地

根据当地政府发布的人工调整系数：31.89%

当地政府没有发布关于机械费和综合费调整的通知

定额单价：

人工费 $=37.75\times(1+31.89\%)=49.79$ 元/100m²

材料费（无）

机械费 $=49.96$ 元/100m²

管理费和利润（综合费）$=10.96$ 元/100m²

清单综合单价：

人工费 $=$ 定额单价 $\times$ 清单单位工程数量 $=49.79\times0.01=0.50$ 元/m²

材料费（无）

机械费 $=$ 定额单价 $\times$ 清单单位工程数量 $=49.96\times0.01=0.50$ 元/m²

管理费和利润（综合费）$=$ 定额单价 $\times$ 清单单位工程数量 $=10.96\times0.01=0.11$ 元/m²

清单综合单价 $=$ 人工费 $+$ 材料费 $+$ 机械费 $+$ 综合费 $=0.50+0.00+0.50+0.11=1.11$ 元/m²

由于定额中人工消耗没有罗列具体工种及消耗量，人工单价可以不填，以下项目雷同。

(2) 010101003001　挖基础土方

套定额 AA0004　挖基础土方

定额单价：

人工费 $=99.75\times(1+31.89\%)=131.56$ 元/100m²

材料费（无）

机械费（无）

管理费和利润（综合费）$=12.47$ 元/100m²

清单综合单价：

人工费 $=$ 定额单价 $\times$ 清单单位工程数量 $=131.56\times0.1=13.16$ 元/m³

材料费（无）

机械费（无）

管理费和利润（综合费）$=$ 定额单价 $\times$ 清单单位工程数量 $=12.47\times0.1=1.25$ 元/m³

清单综合单价 $=$ 人工费 $+$ 材料费 $+$ 机械费 $+$ 综合费 $=13.16+1.25=14.41$ 元/m³

(3) 010301001001　砖基础

套定额 AC0003　　M5 水泥砂浆砌砖基础

定额单价：

人工费＝452.50×(1＋31.89％)＝596.80 元/10m³

材料费＝187.40×10＝1874.00 元/10m³

机械费＝7.86 元/10m³

管理费和利润(综合费)＝138.11 元/10m³

其中：材料费计算过程

通过查定额，得出每 1m³ 砖基础的材料消耗量如下：

M5 水泥砂浆(细砂)　0.238m³

　其中：水泥 32.5　53.788kg

　　　　细砂　0.276m³

标准砖　524 匹

水　0.114m³

其他材料费(无)

根据当地造价管理部门发布的工程造价信息及市场价格：

M5 水泥砂浆(0.238m³)＝22.05＋17.94＝39.96 元

水泥 32.5＝53.788(kg)×0.41(元/kg)＝22.05 元

细砂＝0.276(m³)×65(元/m³)＝17.94 元

M5 水泥砂浆每 1m³ 单价＝(22.05＋17.94)÷0.238＝168.03 元/m³

标准砖＝524×0.28＝146.72 元

水＝0.276(m³)×2.50(元/m³)＝0.69 元

每 1m³ 砖基础的材料费＝39.99＋146.72＋0.69＝187.40 元/m³

清单综合单价：

人工费＝定额单价×清单单位工程数量＝596.80×0.1＝59.68 元/m³

材料费＝定额单价×清单单位工程数量＝1874.00×0.1＝187.40 元/m³

机械费＝定额单价×清单单位工程数量＝7.86×0.1＝0.79 元/m³

管理费和利润(综合费)＝定额单价×清单单位工程数量＝138.11×0.1＝13.81 元/m³

清单综合单价＝人工费＋材料费＋机械费＋综合费＝59.68＋187.40＋0.79＋13.81＝261.68 元/m³

(4) 010302001001　实心砖墙

套定额 AC0011　　M5 混合砂浆砌实心砖墙

定额单价：

人工费＝513.15×(1＋31.89％)＝676.79 元/10m³

材料费＝1865.60 元/10m³

机械费＝7.27 元/10m³

管理费和利润(综合费)＝156.13 元/10m³

其中：材料费计算过程

通过查定额，得出每 $1m^3$ 实心砖墙的材料消耗量如下：

M5 混合砂浆（细砂）：$0.224m^3$

其中：水泥 32.5 40.096kg

　　　细砂 $0.26m^3$

　　　石灰膏 $0.031m^3$

标准砖 531 匹

水 $0.121m^3$

其他材料费：0.52 元

根据当地造价管理部门发布的工程造价信息及市场价格：

M5 混合砂浆（$0.224m^3$）＝16.44＋16.90＋3.72＝37.06 元

水泥 32.5＝40.096(kg)×0.41(元/kg)＝16.44 元

细砂＝0.26(m^3)×65(元/m^3)＝16.90 元

石灰膏＝0.031(m^3)×120(元/m^3)＝3.72 元

M5 混合砂浆每 $1m^3$ 单价＝(16.44＋16.90＋3.72)÷0.224＝165.45 元/m^3

标准砖＝531×0.28＝148.68 元

水＝$0.121m^3$×2.50＝0.30 元

每 $1m^3$ 砖基础的材料费＝37.06＋148.68＋0.30＋0.52＝186.56 元/m^3

清单综合单价：

人工费＝定额单价×清单单位工程数量＝676.79×0.1＝67.68 元/m^3

材料费＝186.56 元/m^3

机械费＝定额单价×清单单位工程数量＝7.27×0.1＝0.73 元/m^3

管理费和利润（综合费）＝定额单价×清单单位工程数量＝156.13×0.1＝15.61 元/m^3

清单综合单价＝人工费＋材料费＋机械费＋综合费＝67.68＋186.56＋0.73＋15.61＝270.68 元/m^3

(5) 010403001001 基础梁

套定额：AD0092 C20 混凝土基础梁

定额单价：

人工费＝372.35×(1＋31.89%)＝491.09 元/$10m^3$

材料费＝1973.40 元/$10m^3$

机械费＝56.04 元/$10m^3$

管理费和利润（综合费）＝149.94 元/$10m^3$

其中：材料费计算过程

通过查定额，得出每 $1m^3$ 基础梁的材料消耗量如下：

C20 混凝土（中砂）：$1.015m^3$

其中：水泥 32.5 301.455kg

　　　中砂 $0.497m^3$

砾石 5~40mm　0.893m³
水　1.073 m³
其他材料费：1.24元
根据当地造价管理部门发布的工程造价信息及市场价格：
C20混凝土(1.015m³)=123.60+32.31+37.51=193.42元
水泥32.5=301.455(kg)×0.41(元/kg)=123.60元
中砂=0.497(m³)×65(元/m³)=32.31元
砾石=0.893(m³)×42(元/m³)=37.51元
C20混凝土每1m³单价=(123.60+32.31+37.51)÷1.015=190.56元/m³
水=1.073(m³)×2.50(元/m³)=2.68元
每1m³C20混凝土基础梁的材料费=193.42+2.68+1.24=197.34元
清单综合单价：
人工费=定额单价×清单单位工程数量=491.09×0.1=49.11元/m³
材料费=197.34元/m³
机械费=定额单价×清单单位工程数量=56.04×0.1=5.60元/m³
管理费和利润(综合费)=定额单价×清单单位工程数量=149.94×0.1=14.99元/m³
清单综合单价=人工费+材料费+机械费+综合费=49.11+197.34+5.60+14.99=267.04元/m³

(6) 010416001001　现浇混凝土钢筋(圆钢≤φ10)
套定额：AD0885　现浇混凝土钢筋(圆钢≤φ10)
定额单价：
人工费=595.20×(1+31.89%)=785.01元/t
材料费=4114.26元/t
机械费=30.71元/t
管理费和利润(综合费)=187.77元/t
其中：材料费计算过程
通过查定额，得出每1t现浇混凝土钢筋(圆钢≤φ10)的材料消耗量如下：
圆钢(≤φ10)：1.08t
其他材料费：53.46元
根据当地造价管理部门发布的工程造价信息及市场价格：
圆钢(≤φ10)=1.08(t)×3760(元/t)=4060.80元
每1t现浇混凝土钢筋(圆钢≤φ10)的材料费=4060.80+53.46=4114.26元
清单综合单价：
人工费=定额单价×清单单位工程数量=785.01×1=785.01元/t
材料费=4114.26元/t
机械费=定额单价×清单单位工程数量=30.71×1=30.71元/t
管理费和利润(综合费)=定额单价×清单单位工程数量=187.77×1=187.77元/t

清单综合单价＝人工费＋材料费＋机械费＋综合费＝785.01＋4114.26＋30.71＋187.77＝5117.75 元/m²

(7) 0107020001001　屋面卷材防水
套定额：AG0378　弹性体(SBS)改性沥青卷材防水
BA006＋BA0015　1∶3 水泥砂浆找平层(25mm 厚)
BA0024－BA0026　1∶2 水泥砂浆面层(20mm 厚)
AG0378 弹性体(SBS)改性沥青卷材防水
定额单价：
　人工费＝367.20×(1＋31.89%)＝484.30 元/100m²
　材料费＝17.86(元/m²)×100(m²)＝1786 元/100m²
　机械费(无)
　管理费和利润(综合费)＝110.16 元/100m²
　其中：材料费计算过程
通过查定额，得出每 1m² 弹性体(SBS)改性沥青卷材防水的材料消耗量如下：
　弹性体(SBS)改性沥青卷材防水聚酯胎Ⅰ型 3mm：1.13m²
　冷底子油 30∶70：0.5712kg
　　其中：石油沥青　30 号　0.1828kg
　　　　　汽油　　　90 号　0.4398kg
　改性沥青嵌缝油膏：0.107kg
　其他材料费：48.00 元
根据当地造价管理部门发布的工程造价信息及市场价格：
弹性体(SBS)改性沥青卷材防水聚酯胎Ⅰ型 3mm＝1.13(m²)×12.50(元/m²)＝14.13 元
　冷底子油 30∶70(0.5712kg)＝0.73＋2.31＝3.04 元
　　其中：石油沥青 30 号＝0.1828(kg)×4(元/kg)＝0.73 元
　　　　　汽油　　 90 号＝0.4398(kg)×5.26(元/kg)＝2.31 元
　　　　　冷底子油 30∶70 每 1kg 单价＝3.04÷0.5712＝5.32 元
　改性沥青嵌缝油膏：0.107(kg)×2.00(元/kg)＝0.21 元
　每 1m² 弹性体(SBS)改性沥青卷材防水的材料费＝14.13＋3.04＋0.21＋0.48＝17.86 元
单位工程量价格：
　人工费＝484.30×0.01＝4.84 元/m²
　材料费＝1786×0.01＝17.86 元/m²
　机械费＝(无)
　管理费和利润(综合费)＝110.16×0.01＝1.10 元/m²
BA006＋BA0015　1∶3 水泥砂浆找平层(25mm 厚)
定额单价：

人工费＝(346.85＋71.80)×(1＋31.89%)＝552.16 元/100m²
材料费＝6.49(元/m²)×100(m²)＝649 元/100m²
机械费＝6.68＋1.57＝8.25 元/100m²
管理费和利润(综合费)＝86.71＋17.95＝104.66 元/100m²
其中：材料费计算过程
通过查定额，得出每 1m² 1∶3 水泥砂浆找平层的材料消耗量如下：
1∶3 水泥砂浆(中砂) (0.0202＋0.0051)＝0.0253m³
其中：水泥 32.5 (8.9284＋2.2542)＝11.1826kg
　　　中砂 (0.0229＋0.006)＝0.0289m³
　　　水 (0.0121＋0.0015)＝0.0136m³
根据当地造价管理部门发布的工程造价信息及市场价格：
1∶3 水泥砂浆(中砂) (0.0253m³)＝4.58＋1.88＝6.46 元
其中：水泥 32.5 11.1826(kg)×0.41(元/kg)＝4.58 元
中砂 0.0289(m³)×65(元/m³)＝1.88 元
每 1m³ 1∶3 水泥砂浆(中砂)的价格＝6.46÷0.0253＝255.34 元
水 0.0136(m³)×2.50(元/m³)＝0.04 元
每 1m² 1∶3 水泥砂浆找平层(25mm 厚)的材料费＝6.46＋0.04＝6.50 元
单位工程量价格
人工费＝552.16×0.01＝5.52 元/m²
材料费＝650×0.01＝9＝6.50 元/m²
机械费＝8.25×0.01＝9＝0.08 元/m²
管理费和利润(综合费)＝104.62×0.01＝9＝1.05 元/m²
BA0024—BA0026 1∶2 水泥砂浆面层(20mm 厚)
定额单价：
人工费＝(473.20－93.90)×(1＋31.89%)＝500.26 元/100m²
材料费＝7.08(元/m²)×100(m²)＝708 元/100m²
机械费＝8.25－1.57＝6.68 元/100m²
管理费和利润(综合费)＝118.30－23.48＝94.82 元/100m²
其中：材料费计算过程
通过查定额，得出每 1m² 1∶2 水泥砂浆面层(20mm 厚)的材料消耗量如下：
1∶2 水泥砂浆(中砂) (0.0253－0.0051)＝0.0202m³
由于定额中水泥等原材料是水泥砂浆和水泥浆用量的综合，不能直接从该定额中得到 0.0202m³ 1∶2 水泥砂浆的原材料用量，则可以查附录砂浆配合比计算。
查 YD003
其中：水泥 32.5 600(kg/m³)×0.0202(m³)＝12.12kg
　　　中砂 1.04(m³/m³)×0.0202(m³)＝0.021m³
　　　水泥浆 0.001m³
其中：水泥 32.5 (16.697－3.0359)－12.12＝1.5411kg

水 $0.0461-0.0015=0.0446m^3$

根据当地造价管理部门发布的工程造价信息及市场价格：

1：2水泥砂浆（中砂）（$0.0202m^3$）＝4.97＋1.37＝6.34元

其中：水泥32.5 12.12(kg)×0.41(元/kg)＝4.97元

中砂 0.021(m^3)×65(元/m^3)＝1.37元

每$1m^3$ 1：2水泥砂浆（中砂）的价格＝6.34÷0.0202＝313.86元

水泥浆（$0.001m^3$）＝0.63元

其中：水泥32.5 1.5411(kg)×0.41(元/kg)＝0.63元

每$1m^3$水泥浆的价格＝0.63÷0.001＝630.00元

水 0.0446(m^3)×2.50(元/m^3)＝0.11元

每$1m^2$ 1：2水泥砂浆面层（20mm厚）的材料费＝6.34＋0.63＋0.11＝7.08元

单位工程量价格：

人工费＝500.26×0.01＝5.00元/m^2

材料费＝708×0.01＝9＝7.08元/m^2

机械费＝6.68×0.01＝9＝0.07元/m^2

管理费和利润（综合费）＝94.82×0.01＝0.95元/m^2

清单综合单价：

人工费＝Σ单位清单项目所含报价项目单位人工费＝4.84＋5.52＋5.00＝15.36元/m^2

材料费＝Σ单位清单项目所含报价项目单位材料费＝17.86＋6.50＋7.08＝31.44元/m^2

机械费＝Σ单位清单项目所含报价项目单位机械费＝0.00＋0.08＋0.07＝0.15元/m^2

管理费和利润（综合费）＝Σ单位清单项目所含报价项目单位综合费＝1.10＋1.05＋0.95＝3.10元/m^2

清单综合单价＝人工费＋材料费＋机械费＋综合费＝15.36＋31.44＋0.15＋3.10＝50.05元/m^2

（8）020101001001 水泥砂浆地面

套定额：BA0024—BA0026 1：2水泥砂浆地面面层（20mm厚）

AD0022 C10混凝土地面垫层

通过前例可知：1：2水泥砂浆地面面层（20mm厚）

单位工程量价格：

人工费＝500.26×0.01＝5.00元/m^2

材料费＝708×0.01＝9＝7.08元/m^2

机械费＝6.68×0.01＝9＝0.07元/m^2

管理费和利润（综合费）＝94.82×0.01＝0.95元/m^2

具体计算过程见前例。

AD0022 C10混凝土地面垫层

定额单价：

人工费＝132.00×(1＋31.89)＝174.09 元/10m³

材料费＝245×10.15＋(2.54×2.50＋3.90)＝2497 元/10m³

机械费＝9.89 元/10m³

管理费和利润(综合费)＝56.76 元/10m³

其中：材料费的计算过程如下

通过查定额，得出每 1m² 水泥砂浆地面的 C10 混凝土垫层(100mm 厚)的材料消耗量如下：

C10 商品混凝土 10.15÷10×0.1＝0.1015m³

水 2.54÷10×0.1＝0.0254m³

其他材料费 3.9÷10×0.1＝0.04 元

根据当地造价管理部门发布的工程造价信息及市场价格：

C10 商品混凝土(0.1015m³)＝0.1015(m³)×245(元/m³)＝24.87 元

每平方米混凝土垫层的材料费＝24.87＋0.0254×2.50＋0.04＝24.97 元

单位工程量价格：

人工费＝174.09×0.01＝1.74 元/m²

材料费＝2497.00×0.01＝24.97 元/m²

机械费＝9.89×0.01＝0.10 元/m²

管理费和利润(综合费)＝56.76×0.01＝0.57 元/m²

清单综合单价：

人工费＝Σ 单位清单项目所含报价项目单位人工费＝5.00＋1.74＝6.74 元/m²

材料费＝Σ 单位清单项目所含报价项目单位材料费＝7.08＋24.97＝32.05 元/m²

机械费＝Σ 单位清单项目所含报价项目单位机械费＝0.07＋0.10＝0.17 元/m²

管理费和利润(综合费)＝Σ 单位清单项目所含报价项目单位综合费＝0.95＋0.57＝1.52 元/m²

清单综合单价＝人工费＋材料费＋机械费＋综合费＝6.74＋31.99＋0.17＋1.52＝40.48 元/m²

(9) 020201001001 内墙面抹灰

套定额：(BB0007－BB0057)(换) 混合砂浆抹砖墙(20mm 厚)

定额单价：

人工费＝(523.25－18.00)×(1＋31.89％)＝666.37 元/100m²

材料费＝6.73×100＝673 元/100m²

机械费＝7.66－0.39＝7.27 元/100m²

管理费和利润(综合费)＝130.81－4.50＝126.31 元/100m²

其中：材料费的计算过程如下

通过查定额，得出每 1m² 混合砂浆抹砖墙材料消耗量如下：

1∶1∶6 混合砂浆＝0.017－0.0011＝0.0159m³

1∶0.3∶2.5 混合砂浆＝0.0055m³

水　0.0223－0.0068＝0.0155m³

其他材料费　1.12元

由于定额中是1∶1∶6混合砂浆底、1∶0.3∶2.5混合砂浆面，清单工程量的项目特征明确是1∶0.5∶2.5混合砂浆，需要根据附录的砂浆配合比将定额中的砂浆用量等量换算。

底层1∶1∶6混合砂浆、面层1∶0.3∶2.5混合砂浆均换为1∶0.5∶2.5混合砂浆。

查定额YD0048

1∶0.5∶2.5混合砂浆用量＝1∶1∶6混合砂浆用量＋1∶0.3∶2.5混合砂浆用量
　　　　　　　　　　　＝0.0159＋0.0055＝0.0214m³

其中：水泥32.5　432(kg/m³)×0.0214(m³)＝9.2448kg

细砂　0.97(m³/m³)×0.0214(m³)＝0.0208m³

石灰膏　0.17(m³/m³)×0.0214(m³)＝0.0036m³

根据当地造价管理部门发布的工程造价信息及市场价格：

1∶0.5∶2.5混合砂浆(0.0214m³)＝3.79＋1.35＋0.43＝5.57元/m²

其中：水泥32.5＝9.2448(kg)×0.41(元/kg)＝3.79元

细砂＝0.0208(m³)×65(元/m³)＝1.35元

石灰膏＝0.0036(m³)×120(元/m³)＝0.43元

1∶0.5∶2.5混合砂浆每1m³单价＝(3.79＋1.35＋0.43)÷0.0214＝260.28元/m³

水　0.0155(m³)×2.5(元/m³)＝0.04元

其他材料费　1.12元

每1m²混合砂浆内墙抹灰(20mm厚)的材料费＝5.57＋0.04＋1.12＝6.73元/m²

清单综合单价：

人工费＝定额单价×清单单位工程数量＝666.37×0.01＝6.66元/m²

材料费＝定额单价×清单单位工程数量＝673×0.01＝6.73元/m²

机械费＝定额单价×清单单位工程数量＝7.27×0.01＝0.07元/m²

管理费和利润(综合费)＝定额单价×清单单位工程数量＝126.31×0.01＝1.26元/m²

清单综合单价＝人工费＋材料费＋机械费＋综合费＝6.66＋6.73＋0.07＋1.26＝14.72元/m²

(10) 020301001001　天棚抹灰

套定额：BC0005换　混合砂浆(细砂)抹天棚

定额单价：

人工费＝618.47×(1＋31.89％)＝815.70元/100m²

材料费＝5.29×100＝529.00元/100m²

机械费＝6.48元/100m²

管理费和利润(综合费)＝154.62元/100m²

其中：材料费的计算过程如下

通过查定额，得出每 $1m^2$ 混合砂浆抹天棚材料消耗量如下：

$1:0.3:3$ 混合砂浆 $0.0041m^3$

查 YD0043 其中：水泥 $32.5=419(kg/m^3)×0.0041(m^3)=1.7179kg$

细砂 $=1.12(m^3/m^3)×0.0041(m^3)=0.0046m^3$

石灰膏 $=0.10(m^3/m^3)×0.0041(m^3)=0.0004m^3$

$1:0.5:2.5$ 混合砂浆 $0.0135m^3$

查定额 YD0048 其中：水泥 $32.5=432(kg/m^3)×0.0135(m^3)=5.832kg$

细砂 $=0.97(m^3/m^3)×0.0135(m^3)=0.0131m^3$

石灰膏 $=0.17(m^3/m^3)×0.0135(m^3)=0.0023m^3$

水泥 801 胶浆用量 $=0.001m^3$

查定额 YD0176 其中：水泥 $32.5=1224(kg/m^3)×0.001(m^3)=1.224kg$

801 胶 $=102(kg/m^3)×0.001(m^3)=0.102kg$

水 $0.0182m^3$

其他材料费：0.066 元

根据当地造价管理部门发布的工程造价信息及市场价格

$1:0.3:3$ 混合砂浆 $(0.0041m^3)=0.70+0.30+0.05=1.05$ 元

其中：水泥 $32.5=1.7179(kg)×0.41(元/kg)=0.70$ 元

细砂 $=0.0046(m^3)×65(元/m^3)=0.30$ 元

石灰膏 $=0.0004(m^3)×120(元/m^3)=0.05$ 元

$1:0.3:3$ 混合砂浆每 $1m^3$ 单价 $=1.05÷0.0041=256.10$ 元$/m^3$

$1:0.5:2.5$ 混合砂浆 $(0.0135m^3)=2.39+0.85+0.28=3.52$ 元

其中：水泥 $32.5=5.832(kg)×0.41(元/kg)=2.39$ 元

细砂 $=0.0131(m^3)×65(元/m^3)=0.85$ 元

石灰膏 $=0.0023(m^3)×120(元/m^3)=0.28$ 元

$1:0.5:2.5$ 混合砂浆每 $1m^3$ 单价 $=3.52÷0.0135=260.74$ 元$/m^3$

水泥 801 胶浆 $(0.001m^3)=0.50+0.10=0.60$ 元

其中：水泥 $32.5=1.224(kg)×0.41(元/kg)=0.50$ 元

801 胶 $=0.102(kg)×1.00(元/kg)=0.10$ 元

水泥 801 胶浆每 $1m^3$ 单价 $=0.60÷0.001=600.00$ 元$/m^3$

水 $=0.0182(m^3)×2.50(元/m^3)=0.05$ 元

其他材料费：0.066 元

每 $1m^2$ 混合砂浆抹天棚的材料费 $=1.05+3.52+0.60+0.05+0.07=5.29$ 元$/m^2$

清单综合单价：

人工费 $=$ 定额单价 $×$ 清单单位工程数量 $=815.70×0.01=8.16$ 元$/m^2$

材料费 $=529.00×0.01=5.31$ 元$/m^2$

机械费 $=$ 定额单价 $×$ 清单单位工程数量 $=6.48×0.01=0.06$ 元$/m^2$

管理费和利润（综合费）$=$ 定额单价 $×$ 清单单位工程数量 $=154.62×0.01=1.55$ 元$/m^2$

清单综合单价＝人工费＋材料费＋机械费＋综合费＝8.16＋5.29＋0.06＋1.55＝15.06 元/m²

（11）020406005001　铝合金推拉窗

套定额：BD0147　铝合金推拉窗

定额单价：

人工费＝1848.75×(1＋31.89%)＝2438.32 元/100m²

材料费＝172.73×100＝17273.00 元/100m²

机械费＝139.45 元/100m²

管理费和利润（综合费）＝924.38 元/100m²

其中：材料费的计算过程如下

通过查定额，得出每 1m² 铝合金推拉窗消耗量如下：

铝合金推拉窗　0.951m²

其他材料费　11.06 元

清单工程量项目特征明确铝合金推拉窗为 90 系列铝合金，5 厚玻璃。

根据当地造价管理部门发布的工程造价信息及市场价格：

90 系列铝合金推拉窗（5mm 厚玻璃）：170 元（不含安装）

1m² 铝合金推拉窗的材料费＝0.951×170＋11.06＝172.73 元

清单综合单价：

人工费＝定额单价×清单单位工程数量＝2438.32×0.01＝24.38 元/m²

材料费＝17273.00×0.01＝172.73 元/m²

机械费＝定额单价×清单单位工程数量＝139.45×0.01＝1.39 元/m²

管理费和利润（综合费）＝定额单价×清单单位工程数量＝924.38×0.01＝9.24 元/m²

清单综合单价＝人工费＋材料费＋机械费＋综合费＝24.38＋172.73＋1.39＋9.24＝207.74 元/m²

7.2　投标报价中综合单价的确定

7.2.1　投标报价的概念和编制原则

（1）投标报价的概念

投标报价的编制主要是投标人对承建工程所要发生的各种费用的计算。《建设工程工程量清单计价规范》规定，"投标价是投标人投标时报出的工程造价"。具体讲，投标价是在工程招标发包过程中，由投标人按照招标文件的要求，根据工程特点，并结合自身的施工技术、装备和管理水平，依据有关计价规定自主确定的工程造价，是投标人希望达成工程承包交易的期望价格，它不能高于招标人设定的招标控制价。作为投标计算的必要条件，应预先确定施工方案和施工进度，此外，投标计算还必须与采用的合同形式相协调。

(2) 投标报价的编制原则

报价是投标的关键性工作，报价是否合理直接关系到投标的成败。投标报价编制原则如下：

1) 投标报价由投标人自主确定，但必须执行《建设工程工程量清单计价规范》的强制性规定。投标价应由投标人或受其委托、具有相应资质的工程造价咨询人员编制。

2) 投标人的投标报价不得低于成本。《中华人民共和国反不正当竞争法》第十一条规定："经营者不得以排挤竞争对手为目的，以低于成本的价格销售商品。"《中华人民共和国招标投标法》第四十一条规定："中标人的投标应当符合下列条件……（二）能够满足招标文件的实质性要求，并且经评审的投标价格最低；但是投标价格低于成本的除外。"《评标委员会和评标方法暂行规定》（原国家计委等七部委第12号令）第二十一条规定："在评标过程中，评标委员会发现投标人的报价明显低于其他投标报价或者在设有标底时明显低于标底的，使得其投标报价可能低于其个别成本的，应当要求该投标人做出书面说明并提供相关证明材料。投标人不能合理说明或者不能提供相关证明材料的，由评标委员会认定该投标人以低于成本报价竞标，其投标应作为废标处理。"根据上述法律、规章的规定，特别要求投标人的投标报价不得低于成本。

3) 投标报价要以招标文件中设定的承发包双方责任划分，作为考虑投标报价费用项目和费用计算的基础，承发包双方的责任划分不同，会导致合同风险不同的分摊，从而导致投标人选择不同的报价；根据工程承发包模式考虑投标报价的费用内容和计算深度。

4) 以施工方案、技术措施等作为投标报价计算的基本条件；以反映企业技术和管理水平的企业定额作为计算人工、材料和机械台班消耗量的基本依据；充分利用现场考察、调研成果、市场价格信息和行情资料，编制基础标价。

5) 报价计算方法要科学严谨，简明适用。

7.2.2 投标报价的编制依据和过程

(1) 投标报价的编制依据

《建设工程工程量清单计价规范》规定，投标报价应根据下列依据编制：

1) 工程量清单计价规范。
2) 国家或省级、行业建设主管部门颁发的计价办法。
3) 企业定额，国家或省级、行业建设主管部门颁发的计价定额。
4) 招标文件、工程量清单及其补充通知、答疑纪要。
5) 建设工程设计文件及相关资料。
6) 施工现场情况、工程特点及拟定的投标施工组织设计或施工方案。
7) 与建设项目相关的标准、规范等技术资料。
8) 市场价格信息或工程造价管理机构发布的工程造价信息。
9) 其他的相关资料。

(2) 投标报价的编制过程

投标报价的编制过程，应首先根据招标人提供的工程量清单编制分部分项工程量清单计价表、措施项目清单计价表、其他项目清单计价表、规费、税金项目清单计价表，计算完毕之后，汇总而得到单位工程投标报价汇总表，再层层汇总，分别得出单项工程投标报价汇总表和工程项目投标总价汇总表，全部过程如图7-1所示。在编制过程中投标人应按招标人提供的工程量清单填报价格。填写的项目编码、项目名称、项目特征、计量单位、工程量必须与招标人提供的一致。

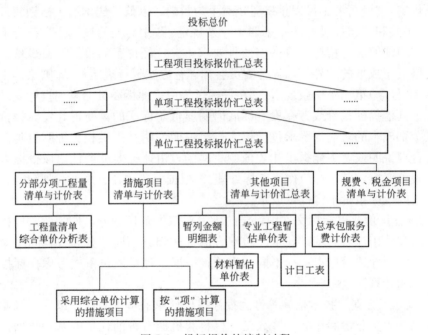

图7-1 投标报价的编制过程

7.2.3 投标报价中综合单价的确定

(1) 分部分项工程清单综合单价的确定

承包人投标价中的分部分项工程费应按招标文件中分部分项工程量清单项目的特征描述确定综合单价计算。因此，确定综合单价是分部分项工程工程量清单与计价表编制过程中最主要的内容。分部分项工程量清单综合单价，包括完成单位分部分项工程所需的人工费、材料费、机械使用费、管理费、利润，并考虑风险费用的分摊。

分部分项工程综合单价＝人工费＋材料费＋机械使用费＋管理费＋利润

1) 确定分部分项工程综合单价时的注意事项

① 以项目特征描述为依据。确定分部分项工程量清单项目综合单价的最重要依据之一是该清单项目的特征描述，投标人投标报价时应依据招标文件中分部分项工程量清单项目的特征描述确定清单项目的综合单价。在招标过程中，当出现招标文件中分项工程量清单特征描述与设计图纸不符时，投标人应以分部分项工

程量清单的项目特征描述为准,确定投标报价的综合。当施工中施工图纸或设计变更与工程量清单项目特征描述不一致时,承发包双方应按实际施工的项目特征,依据合同约定重新确定综合单价。

② 材料暂估价的处理。招标文件中在其他项目清单中提供了暂估单价的材料,应按其暂估的单价计入分部分项工程量清单项目的综合单价中。

③ 应包括承包人承担的合理风险。招标文件中要求投标人承担的风险费用,投标人应考虑进入综合单价。在施工过程中,当出现的风险内容及其范围(幅度)在招标文件规定的范围(幅度)内时,综合单价不得变动,工程价款不做调整。根据国际惯例并结合我国社会主义市场经济条件下工程建设的特点,承发包双方对工程施工阶段的风险宜采用如下分摊原则:

A. 对于主要由市场价格波动导致的价格风险,如工程造价中的建筑材料、燃料等价格风险,承发包双方应当在招标文件中或在合同中对此类风险的范围和幅度予以明确约定,进行合理分摊。根据工程特点和工期要求,建议一般可采取的方式是承包人承担5%以内的材料价格风险,10%以内的施工机械使用费风险。

B. 对于法律、法规、规章或有关政策出台导致工程税金、规费、人工发生变化,并由省级、行业建设行政主管部门或其授权的工程造价管理机构根据上述变化发布的政策性调整,承包人不应承担此类风险,应按照有关调整规定执行。

C. 对于承包人根据自身技术水平、管理、经营状况能够自主控制的风险,如承包人的管理费、利润的风险,承包人应结合市场情况,根据企业自身的实际合理确定、自主报价,该部分风险由承包人全部承担。

2) 分部分项工程综合单价确定的主要步骤和方法。

前面几章已经对综合单价确定的步骤进行了详细介绍,这里总结如下:

① 确定计算基础。计算基础主要包括消耗量的指标和生产要素的单价。应根据本企业的企业实际消耗量水平,并结合拟定的施工方案确定完成清单项目需要消耗的各种人工、材料、机械台班的数量。计算时应采用企业定额,在没有企业定额或企业定额缺项时,可参照与本企业实际水平相近的国家、地区、行业定额,并通过调整来确定清单项目的人工、材料、机械台班单位用量。各种人工、材料、机械台班的单价,则应按照前面介绍的方法询价,并根据询价的结果和市场行情综合确定。

② 分析每一清单项目的工程内容。在招标文件提供的工程量清单中,招标人已对项目特征进行了准确、详细的描述,投标人根据这一描述,再结合施工现场情况和拟定的施工方案确定完成各清单项目实际应发生的工程内容。必要时可参照《建设工程工程量清单计价规范》中提供的工程内容,有些特殊的工程也可能发生规范列表之外的工程内容。

③ 计算工程内容的工程数量与清单单位含量。每一项工程内容都应根据所选定额的工程量计算规则计算其工程数量,当定额的工程量计算规则与清单的工程量计算规则相一致时,可直接以工程量清单中的工程量作为工程内容的工程数量。

当采用清单单位含量计算人工费、材料费、机械使用费时,还需要计算每一计量单位的清单项目所分摊的工程内容的工程数量,即清单单位含量。

$$清单单位含量 = \frac{某工程内容的定额工程量}{清单工程量} \quad (7\text{-}1)$$

④ 分部分项工程人工、材料、机械费用的计算。以完成每一计量单位的清单项目所需的人工、材料、机械用量为基础计算，即：

$$\begin{matrix}每一计量单位清单项目\\某种资源的使用量\end{matrix} = \begin{matrix}该种资源的\\定额单位用量\end{matrix} \times \begin{matrix}相应定额条目的\\清单单位含量\end{matrix} \quad (7\text{-}2)$$

再根据预先确定的各种生产要素的单位价格可计算出每一计量单位清单项目的分部分项工程的人工费、材料费与机械使用费。

$$人工费 = \begin{matrix}完成单位清单项目\\所需人工的工日数量\end{matrix} \times 每工日的人工日工资单价 \quad (7\text{-}3)$$

$$材料费 = \Sigma \begin{matrix}完成单位清单项目所需\\各种材料、半成品的数量\end{matrix} \times 各种材料、半成品单价 \quad (7\text{-}4)$$

$$机械使用费 = \Sigma \begin{matrix}完成单位清单项目所需\\各种机械的台班数量\end{matrix} \times 各种机械的台班单价 \quad (7\text{-}5)$$

当招标人提供的其他项目清单中列示了材料暂估价时，应根据招标提供的价格计算材料费，并在分部分项工程量清单与计价表中表现出来。

⑤ 计算综合单价。管理费和利润的计算可按照人工费、材料费、机械费之和按照一定的费率取费计算。

将五项费用汇总之后，并考虑合理的风险费用后，即可得到分部分项工程量清单综合单价。

根据计算出的综合单价，可编制分部分项工程量清单与计价分析表。

3) 工程量清单综合单价分析表的编制。由于我国目前主要采用经评审的合理低标价法进行评标，为表明分部分项工程量综合单价的合理性，投标人应对其进行单价分析，以作为评标时判断综合单价合理性的主要依据。

综合单价分析表的编制应反映出上述综合单价的编制过程，并按照规定的格式进行。

(2) 措施项目综合单价的编制要求

措施项目费应根据招标文件中的措施项目清单及投标时拟定的施工组织设计或施工方案按不同报价方式自主报价。

投标人可根据工程实际情况结合施工组织设计，自主确定措施项目费。对招标人所列的措施项目可以进行增补。这是由于各投标人拥有的施工装备、技术水平和采用的施工方法有所差异，招标人提出的措施项目清单是根据一般情况确定的，没有考虑不同投标人的"个性"，投标人投标时应根据自身编制的投标施工组织设计或施工方案确定措施项目，对招标人提供的措施项目进行调整。投标人根据投标施工组织设计或施工方案调整和确定的措施项目应通过评标委员会的评审。

具体编制方法详见7.3。

7.2.4 投标报价分部分项工程综合单价编制实例

(1) 工程对象：某车库工程，图纸见附录1。

(2) 该施工企业自行编制投标报价。

(3) 投标报价情况假设如下：

企业经营部门认真分析了招标文件、竞争形势、企业经营管理现状、市场资源价格等情况后对投标报价提出以下措施：

1) 没有本企业定额，采用本省颁布的最新的计价定额，按照其消耗量标准进行投标报价。

2) 目前政府发布的人工费调整系数还是略偏低，经研究决定人工费在调整系数的基础上上浮5%（表7-3）。

3) 根据企业掌握的材料价格报价，材料消耗量按照计价定额确定，不予调整（表7-2）。

4) 机械费按照计价定额确定，不予调整。

5) 综合费用，为了提高竞争力，综合费用在定额基础上适当降低，考虑到风险因素，综合费用下调15%。

6) 计价定额摘录见附录2。

投标企业掌握的材料价格（节选） 表7-2

年 月

材料名称	型号规格	单位	造价信息价格（元）	企业掌握的市场价格（元）
圆钢	φ6.5～φ10	t	3760	3730
普通硅酸盐水泥	32.5袋装小厂（复合）	t	410	390
商品混凝土	C10(小厂)	m³	245	238
标准砖		千匹	280	270
中砂		m³	65	62
细砂		m³	65	62
砾石	5～40mm	m³	42	40
石灰膏		m³		118
汽油	90号	L	5.26	5.26
SBC防水卷材	哈高科300g	m²		12.5
改性沥青嵌缝油膏				2.00
石油沥青	30号	t	4000	4360
铝合金推拉窗	成品，90系列，5mm厚玻璃	m²	170(不含安装)	165(不含安装)
水		m³	2.50	2.50
801胶		kg	1.00	1.00

每工日劳务价格 单位：元 表7-3

地 区	土建技工（工日）	装饰技工（工日）	普工（工日）
造价信息价	70	90	45
某业掌握的市场价	80	100	55

以上措施经企业主管领导批准同意后，企业的投标报价举例如下所示（依据的定额同前）：

表-09

工程量清单综合单价分析表

工程名称：车库工程(建筑工程) 　　　　　标段：　　　　　第1页 共11页

项目编码	010101001001	项目名称		平整场地		计量单位	m²
清单综合单价组成明细							

| 定额编号 | 定额名称 | 定额单位 | 数量 | 单价 |||| 合价 ||||
				人工费	材料费	机械费	管理费和利润	人工费	材料费	机械费	管理费和利润
AA0001	平整场地	100m²	0.01	52.28	—	49.96	9.32	0.52	—	0.50	0.09
人工单价			小计					0.52	—	0.50	0.09
元/工日			未计价材料费								
	清单项目综合单价							1.11			

材料费明细	主要材料名称、规格、型号	单位	数量	单价(元)	合价(元)	暂估单价(元)	暂估合价(元)
	其他材料费				—	—		
	材料费小计				—	—		

注：1. 如不使用省级或行业建设主管部门发布的计价依据，可不填定额项目、编号等。
2. 招标文件提供了暂估单价的材料，按暂估的单价填入表内"暂估单价"及"暂估合价"栏。

表-09

工程量清单综合单价分析表

工程名称：车库工程(建筑工程)　　　　标段：　　　　第2页 共11页

项目编码	010101003001	项目名称		挖基础土方		计量单位			m^3

清单综合单价组成明细

定额编号	定额名称	定额单位	数量	单价				合价			
				人工费	材料费	机械费	管理费和利润	人工费	材料费	机械费	管理费和利润
AA0004	挖基坑土方	$10m^3$	0.10	138.14	—	—	10.60	13.81	—	—	1.06
人工单价		小计						13.81			1.06
元/工日		未计价材料费									
清单项目综合单价								14.41			

材料费明细	主要材料名称、规格、型号	单位	数量	单价(元)	合价(元)	暂估单价(元)	暂估合价(元)
	其他材料费			—		—	
	材料费小计			—		—	

注：1. 如不使用省级或行业建设主管部门发布的计价依据，可不填定额项目、编号等。
　　2. 招标文件提供了暂估单价的材料，按暂估的单价填入表内"暂估单价"及"暂估合价"栏。

7 确定综合单价

表-09

工程量清单综合单价分析表

工程名称：车库工程(建筑工程)   标段：   第3页 共11页

项目编码	010301001001	项目名称		砖基础		计量单位		m^3	
\multicolumn{10}{c	}{清单综合单价组成明细}

定额编号	定额名称	定额单位	数量	单价				合价			
				人工费	材料费	机械费	管理费和利润	人工费	材料费	机械费	管理费和利润
AC0003	水泥砂浆砌砖基础	10m³	0.10	626.64	1802.60	7.86	117.39	62.66	180.26	0.79	11.74
人工单价			小计					62.66	180.26	0.79	11.74
元/工日			未计价材料费								
			清单项目综合单价					255.45			

	主要材料名称、规格、型号	单位	数量	单价（元）	合价（元）	暂估单价（元）	暂估合价（元）
材料费明细	M5水泥砂浆	m³	0.238	160.04	38.09		
	标准砖	匹	524	0.27	141.48		
	水	m³	0.114	2.50	0.69		
	水泥32.5	kg	(53.788)	0.39	(20.98)		
	细砂	m³	(0.276)	62	(17..11)		
	其他材料费			—		—	
	材料费小计			—	180.26	—	

注：1. 如不使用省级或行业建设主管部门发布的计价依据，可不填定额项目、编号等。
  2. 招标文件提供了暂估单价的材料，按暂估的单价填入表内"暂估单价"及"暂估合价"栏。

表-09

工程量清单综合单价分析表

工程名称：车库工程(建筑工程)　　　　　标段：　　　　　第 4 页　共 11 页

项目编码	010302001001	项目名称	实心砖墙	计量单位	m³

清单综合单价组成明细									
定额编号	定额名称	定额单位	数量	单价				合价		
^	^	^	^	人工费	材料费	机械费	管理费和利润	人工费	材料费	机械费	管理费和利润
AC0011	混合砂浆砌实心砖墙	10m³	0.10	710.63	1796.10	7.27	132.71	71.06	179.61	0.73	13.27
人工单价			小计				71.06	179.61	0.73	13.27
元/工日			未计价材料费							
清单项目综合单价								264.67		

材料费明细	主要材料名称、规格、型号	单位	数量	单价(元)	合价(元)	暂估单价(元)	暂估合价(元)
^	M5 水泥砂浆	m³	0.224	159.91	35.82		
^	标准砖	匹	531	0.27	143.37		
^	水	m³	0.121	2.50	0.30		
^	水泥32.5	kg	(40.096)	0.39	(15.64)		
^	细砂	m³	(0.26)	62	(16.12)		
^	石灰膏	m³	(0.031)	118	(3.66)		
^							
^	其他材料费			—	0.52	—	
^	材料费小计			—	179.61	—	

注：1. 如不使用省级或行业建设主管部门发布的计价依据，可不填定额项目、编号等。
　　2. 招标文件提供了暂估单价的材料，按暂估的单价填入表内"暂估单价"及"暂估合价"栏。

表-09

工程量清单综合单价分析表

工程名称：车库工程(建筑工程) 　　标段： 　　第 5 页 共 11 页

项目编码	010403001001	项目名称	基础梁	计量单位	m³

清单综合单价组成明细

定额编号	定额名称	定额单位	数量	单价				合价			
				人工费	材料费	机械费	管理费和利润	人工费	材料费	机械费	管理费和利润
AD0092	C20混凝土基础梁	10m³	0.10	515.64	1880.20	56.04	127.45	51.56	188.02	5.60	12.75
人工单价			小计					51.56	188.02	5.60	12.75
元/工日			未计价材料费								
			清单项目综合单价					257.93			

	主要材料名称、规格、型号	单位	数量	单价(元)	合价(元)	暂估单价(元)	暂估合价(元)
材料费明细	C20混凝土	m³	1.015	184.34	186.10		
	水	m³	1.073	2.50	2.68		
	水泥32.5	kg	(301.455)	0.39	(117.57)		
	中砂	m³	(0.497)	62	(30.81)		
	砾石5～40mm	m³	(0.893)	40	(37.72)		
	其他材料费			—	1.24		
	材料费小计			—	188.26		

注：1. 如不使用省级或行业建设主管部门发布的计价依据，可不填定额项目、编号等。
　　2. 招标文件提供了暂估单价的材料，按暂估的单价填入表内"暂估单价"及"暂估合价"栏。

表-09

工程量清单综合单价分析表

工程名称：车库工程(建筑工程)　　　　　标段：　　　　　第6页　共11页

项目编码	010416001001	项目名称	现浇混凝土钢筋(圆钢≤φ10)		计量单位	t	

清单综合单价组成明细								
定额编号	定额名称	定额单位	数量	单价				合价（管理费和利润）
				人工费	材料费	机械费	管理费和利润	人工费 | 材料费 | 机械费 | 管理费和利润

定额编号	定额名称	定额单位	数量	人工费	材料费	机械费	管理费和利润	人工费	材料费	机械费	管理费和利润
AD0885	现浇混凝土钢筋(圆钢≤φ10)	t	1.00	824.26	4081.86	30.71	159.60	824.26	4081.86	30.71	159.60
人工单价			小计					824.26	4081.86	30.71	159.60
元/工日			未计价材料费								
			清单项目综合单价					5096.43			

材料费明细	主要材料名称、规格、型号	单位	数量	单价（元）	合价（元）	暂估单价（元）	暂估合价（元）
	圆钢≤φ10	t	1.08	3730	4028.40		
	其他材料费			—	53.46	—	
	材料费小计			—	4081.86	—	

注：1. 如不使用省级或行业建设主管部门发布的计价依据，可不填定额项目、编号等。
　　2. 招标文件提供了暂估单价的材料，按暂估的单价填入表内"暂估单价"及"暂估合价"栏。

表-09

工程量清单综合单价分析表

工程名称：车库工程(建筑工程)   标段：   第7页 共11页

项目编码	010702001001	项目名称	屋面卷材防水	计量单位	m²

清单综合单价组成明细								
定额编号	定额名称	定额单位	数量	单价				合价
^	^	^	^	人工费	材料费	机械费	管理费和利润	人工费 / 材料费 / 机械费 / 管理费和利润

定额编号	定额名称	定额单位	数量	人工费	材料费	机械费	管理费和利润	人工费	材料费	机械费	管理费和利润
AG0378	弹性体(SBS)改性沥青卷材防水	100m²	0.01	508.52	1793.00	—	93.64	5.08	17.93	—	0.94
BA0006+BA0015	1:3水泥砂浆找平层	100m²	0.01	579.77	619.00	8.25	88.93	5.80	6.19	0.08	0.89
BA0024－BA0026	1:2水泥砂浆面层	100m²	0.01	525.27	674.00	6.68	80.60	5.25	6.74	0.07	0.81
人工单价		小计						16.13	30.86	0.15	2.64
元/工日		未计价材料费									
清单项目综合单价								49.78			

材料费明细	主要材料名称、规格、型号	单位	数量	单价(元)	合价(元)	暂估单价(元)	暂估合价(元)
^	弹性体(SBS)改性沥青卷材聚酯胎Ⅰ型3mm	m²	1.13	12.50	14.13		
^	冷底子油30:70	kg	0.5712	5.44	3.11		
^	改性沥青嵌缝油膏	kg	0.107	2.00	0.21		
^	1:3水泥砂浆	m³	0.0253	243.08	6.15		
^	1:2水泥砂浆	m³	0.0202	298.51	6.03		
^	水泥浆	m²	0.001	600.00	0.60		
^	水	m³	0.0596	2.50	0.15		
^	石油沥青30号	kg	(0.1828)	4.36	(0.80)		
^	汽油	kg	(0.4398)	5.26	(2.31)		
^	水泥32.5	kg	(24.8437)	0.39	(9.69)		
^	中砂	m³	(0.0499)	62.00	(3.09)		
^	其他材料费			—	0.48	—	
^	材料费小计			—	30.86	—	

注：1. 如不使用省级或行业建设主管部门发布的计价依据，可不填定额项目、编号等。
    2. 招标文件提供了暂估单价的材料，按暂估的单价填入表内"暂估单价"及"暂估合价"栏。

表-09

工程量清单综合单价分析表

工程名称：车库工程(装饰工程)　　　　　标段：　　　　　第 8 页　共 11 页

项目编码	020101001001	项目名称		水泥砂浆地面		计量单位		m²
清单综合单价组成明细									

定额编号	定额名称	定额单位	数量	单价				合价			
				人工费	材料费	机械费	管理费和利润	人工费	材料费	机械费	管理费和利润
BA0024—BA0026	1∶2水泥砂浆面层	100m²	0.01	525.27	674.00	6.68	80.60	5.25	6.74	0.07	0.81
AD0022	C10混凝土地面垫层	10m³	0.01	182.79	24.26	9.89	56.76	1.83	24.26	0.10	0.48
人工单价			小计					7.08	31.00	0.17	1.29
元/工日			未计价材料费								
清单项目综合单价									39.54		

材料费明细	主要材料名称、规格、型号	单位	数量	单价(元)	合价(元)	暂估单价(元)	暂估合价(元)
	1∶2水泥砂浆	m³	0.0202	298.51	6.03		
	水泥浆	m²	0.001	600.00	0.60		
	水	m³	0.0714	2.50	0.17		
	C10商品混凝土	m³	0.1015	238	24.16		
	水泥32.5	kg	(13.6611)	0.39	(5.33)		
	中砂	m³	(0.021)	62.00	(1.30)		
	其他材料费			—	0.04	—	
	材料费小计				31.00		

注：1. 如不使用省级或行业建设主管部门发布的计价依据，可不填定额项目、编号等。
　　2. 招标文件提供了暂估单价的材料，按暂估的单价填入表内"暂估单价"及"暂估合价"栏。

工程量清单综合单价分析表

表-09

工程名称：车库工程(装饰工程)　　　　　标段：　　　　　第9页　共11页

项目编码	020201001001	项目名称		内墙面抹灰		计量单位	m²

清单综合单价组成明细									
定额编号	定额名称	定额单位	数量	单价				合价		
				人工费	材料费	机械费	管理费和利润	人工费	材料费	机械费	管理费和利润
(BB0007—BB0057)换	混合砂浆抹砖墙	100m²	0.01	699.69	648.00	7.27	107.36	7.00	6.48	0.07	1.07
人工单价		小计				7.00	6.48	0.07	1.07
元/工日		未计价材料费								
清单项目综合单价								14.62		

材料费明细	主要材料名称、规格、型号	单位	数量	单价(元)	合价(元)	暂估单价(元)	暂估合价(元)
	1:0.5:2.5 混合砂浆(细砂)	m³	0.0214	248.60	5.32		
	水	m³	0.0155	2.50	0.04		
	水泥32.5	kg	(9.2448)	0.39	(3.61)		
	细砂	m³	(0.0208)	62.00	(1.29)		
	石灰膏	m³	(0.0036)	118.00	(0.42)		
	其他材料费			—	1.12	—	
	材料费小计			—	6.48	—	

注：1. 如不使用省级或行业建设主管部门发布的计价依据，可不填定额项目、编号等。
　　2. 招标文件提供了暂估单价的材料，按暂估的单价填入表内"暂估单价"及"暂估合价"栏。

表-09

工程量清单综合单价分析表

工程名称：车库工程（装饰工程）　　　　　标段：　　　　　第10页 共11页

项目编码	020301001001	项目名称		天棚抹灰		计量单位		m²
清单综合单价组成明细								
定额编号	定额名称	定额单位	数量	单价				
				人工费	材料费	机械费	管理费和利润	
				合价				
				人工费	材料费	机械费	管理费和利润	
BC0005	混合砂浆抹天棚	100m²	0.01	856.49	506.00	6.48	131.43	
				8.56	5.06	0.06	1.31	
人工单价		小计		8.56	5.06	0.06	1.31	
元/工日		未计价材料费						
清单项目综合单价					14.99			

材料费明细	主要材料名称、规格、型号	单位	数量	单价（元）	合价（元）	暂估单价（元）	暂估合价（元）
	1∶0.3∶3 混合砂浆（细砂）	m³	0.0041	246.34	1.01		
	1∶0.5∶2.5 混合砂浆（细砂）	m³	0.0135	248.15	3.35		
	1∶0.1∶0.2 水泥801胶浆（细砂）	m³	0.001	580.00	0.58		
	水	m³	0.0182	2.50	0.05		
	水泥32.5	kg	(8.7739)	0.39	(3.42)		
	细砂	m³	(0.0177)	62.00	(1.10)		
	801胶水	kg	(0.102)	1.00	(0.10)		
	石灰膏	m³	(0.0027)	118.00	(0.32)		
	其他材料费			—	0.07		
	材料费小计			—	5.06		

注：1. 如不使用省级或行业建设主管部门发布的计价依据，可不填定额项目、编号等。
　　2. 招标文件提供了暂估单价的材料，按暂估的单价填入表内"暂估单价"及"暂估合价"栏。

表-09

工程量清单综合单价分析表

工程名称：车库工程(装饰工程) 　　标段：　　第 11 页　共 11 页

项目编码	020406005001	项目名称		铝合金推拉窗		计量单位		m²

定额编号	定额名称	定额单位	数量	单价				合价			
				人工费	材料费	机械费	管理费和利润	人工费	材料费	机械费	管理费和利润
BD0147	铝合金推拉窗	100m²	0.01	2560.24	16798	139.45	785.72	25.60	167.98	1.39	7.86
人工单价			小计					25.60	167.98	1.39	7.86
元/工日			未计价材料费								
清单项目综合单价								202.83			

材料费明细	主要材料名称、规格、型号	单位	数量	单价(元)	合价(元)	暂估单价(元)	暂估合价(元)
	90系列铝合金推拉窗 5厚玻璃	m²	0.951	165	156.92		
	其他材料费			—	11.06	—	
	材料费小计				167.98		

注：1. 如不使用省级或行业建设主管部门发布的计价依据，可不填定额项目、编号等。
　　2. 招标文件提供了暂估单价的材料，按暂估的单价填入表内"暂估单价"及"暂估合价"栏。

表-08

分部分项工程量清单与计价表

工程名称：车库工程(建筑工程)　　　　　　　标段：　　　　　　　第1页 共3页

序号	项目编码	项目名称	项目特征描述	计量单位	工程量	金额(元)		
						综合单价	合价	其中：暂估价
			A.1 土(石)方工程					
	010101001001	平整场地	1. 土壤类别：Ⅱ类土 2. 弃土举例：投标人自行确定 3. 取土距离：投标人自行确定	m²	262.55	1.11	291.43	
	010101003001	挖基础土方	1. 土壤类别：Ⅱ类土 2. 基础类型：独立基础 3. 垫层底宽：2900mm×2900mm 4. 挖土深度：1.45m 5. 弃土运距：1km	m³	146.33	14.87	2175.93	
			(其他略)					
			分部小计					
			A.3 砌筑工程					
	010301001001	砖基础	1. 砖品种、规格、强度等级：MU7.5 页岩砖：240mm×115mm×53mm 2. 基础类型：带形 3. 基础深度：0.35m 4. 砂浆：M2.5 水泥砂浆	m³	5.91	255.45	1509.71	
	010302001001	实心砖墙	1. 砖品种、规格、强度等级：MU7.5 页岩砖：240mm×115mm×53mm 2. 墙体类型：女儿墙 3. 墙厚：0.115m 4. 墙高：0.24m 5. 砂浆：M2.5 混合砂浆	m³	2.21	264.67	584.92	
			分部小计					
			本页小计					
			合计					

注：根据原建设部、财政部颁发的《建筑安装工程费用组成》(建标〔2003〕206号)的规定，为计取规费等的使用，可在表中增设，其中："直接费"、"人工费"或"人工费＋机械费"。

表-08

分部分项工程量清单与计价表

工程名称：车库工程(建筑工程)　　　　　　　标段：　　　　　　第2页　共3页

序号	项目编码	项目名称	项目特征描述	计量单位	工程量	金额(元)		
						综合单价	合价	其中：暂估价
		A.4 混凝土及钢筋混凝土工程						
	010403001001	基础梁	1. 梁底标高：-0.80m；-1.00m 2. 梁截面：250mm×450mm；250mm×650mm 3. 混凝土强度等级：C20 4. 拌合料要求：按规范	m³	8.73	257.93	2251.73	
	010416001001	现浇混凝土钢筋(圆钢≤φ10)	钢筋种类、规格：圆钢≤φ10	t	1.356	5096.43	6910.76	
		(其他略)						
		分部小计						
		A.7 屋面及防水工程						
	010702001001	屋面卷材防水	1. 卷材品种：SBS改性沥青卷材 2. 做法：1:3水泥砂浆找平层25厚，卷材一道，胶粘剂两道 3. 防护材料：1:2.5水泥砂浆20厚	m²	326.31	49.78	16243.71	
		(其他略)						
		分部小计						
		(其他分部工程略)						
		分部小计						
		本页小计						
		合计						

注：根据原建设部、财政部颁发的《建筑安装工程费用组成》(建标[2003]206号)的规定，为计取规费等的使用，可在表中增设，其中："直接费"、"人工费"或"人工费+机械费"。

表-08

分部分项工程量清单与计价表

工程名称：车库工程（装饰工程）　　　　　　　标段：　　　　　　　第3页 共3页

序号	项目编码	项目名称	项目特征描述	计量单位	工程量	金额（元）		
						综合单价	合价	其中：暂估价
			B.1 楼地面工程					
	020101001001	水泥砂浆地面	1. 垫层材料、厚度：C10混凝土100厚 2. 面层配合比、厚度：1∶2水泥砂浆20厚	m²	244.35	39.54	9661.60	
			B.2 墙柱面工程					
	020201001001	内墙面抹灰	1. 墙体种类：砖墙 2. 砂浆配合比：1∶0.5∶2.5混合砂浆 3. 厚度：20厚	m²	222.84	14.62	3257.93	
			（其他略）					
			分部小计					
			B.3 天棚工程					
	020301001001	天棚抹灰	1. 基层类型：预制板 2. 抹灰厚度、砂浆配合比： 基层刷801胶水泥浆一道，1∶0.5∶2.5混合砂浆12厚，1∶0.3∶3混合砂浆4厚	m²	342.17	14.99	5129.13	
			（其他略）					
			分部小计					
			B.4 门窗工程					
	020406005001	铝合金推拉窗	1. 窗类型：90白色铝合金推拉窗 2. 框材质、外围尺寸：铝合金、2080mm×2380mm 3. 扇材质、外围尺寸：铝合金、尺寸详见设计、带窗纱 4. 玻璃品种、厚度：5厚白玻璃	m²	40.32	202.83	8178.11	
			（其他略）					
			分部小计					
			本页小计					
			合计					

注：根据原建设部、财政部颁发的《建筑安装工程费用组成》（建标〔2003〕206号）的规定，为计取规费等的使用，可在表中增设，其中："直接费"、"人工费"或"人工费＋机械费"。

7　确定综合单价

投标报价的综合单价计算过程

(1) 010101001001　平整场地

根据清单规范的规定，套用当地政府发布的计价依据，即《四川省建筑工程量清单计价定额》定额 AA0001 平整场地

根据当地政府发布的人工调整系数 31.89%

当地政府没有发布关于机械费和综合费调整的通知

定额单价：

人工费＝37.75×(1＋31.89%)×1.05＝52.28 元/100m²

材料费(无)

机械费＝49.96 元/100m²

管理费和利润(综合费)＝10.96×0.85＝9.32 元/100m²

清单综合单价：

人工费＝定额单价×清单单位工程数量＝52.28×0.01＝0.52 元/m²

材料费(无)

机械费＝定额单价×清单单位工程数量＝49.96×0.01＝0.50 元/m²

管理费和利润(综合费)＝定额单价×清单单位工程数量＝9.32×0.01＝0.09 元/m²

清单综合单价＝人工费＋材料费＋机械费＋综合费＝0.52＋0.00＋0.50＋0.01＝1.11 元/m²

由于定额中人工消耗没有罗列具体工种及消耗量，人工单价可以不填，以下项目雷同。

(2) 010101003001　挖基础土方

套定额 AA0004　挖基坑土方

定额单价：

人工费＝99.75×(1＋31.89)×1.05＝138.14 元/100m²

材料费(无)

机械费(无)

管理费和利润(综合费)＝12.47×0.85＝10.60 元/100m²

清单综合单价：

人工费＝定额单价×清单单位工程数量＝138.14×0.1＝13.81 元/m³

材料费(无)

机械费(无)

管理费和利润(综合费)＝定额单价×清单单位工程数量＝10.60×0.1＝1.06 元/m³

清单综合单价＝人工费＋材料费＋机械费＋综合费＝13.81＋1.06＝14.87 元/m³

(3) 010301001001　砖基础

套定额 AC0003　M5水泥砂浆砌砖基础

定额单价：

人工费 $=452.50 \times (1+31.89) \times 1.05 = 626.64$ 元/10m³

材料费 $=180.26 \times 10 = 1802.60$ 元/10m³

机械费 $=7.86$ 元/10m³

管理费和利润（综合费）$=138.11 \times 0.85 = 117.39$ 元/10m³

其中：材料费计算过程

通过查定额，得出每1m³砖基础的材料消耗量如下：

M5水泥砂浆（细砂）：0.238m³

其中：水泥32.5：53.788kg

细砂 0.276m³

标准砖：524块

水：0.114m³

其他材料费（无）

根据当地造价管理部门发布的工程造价信息及市场价格

M5水泥砂浆（0.238m³）$=20.98+17.11=38.09$ 元

水泥32.5 $=53.788(kg) \times 0.39(元/kg) = 20.98$ 元

细砂 $=0.276(m³) \times 62(元/m³) = 17.11$ 元

M5水泥砂浆每1m³单价 $=(20.98+17.11) \div 0.238 = 160.04$ 元/m³

标准砖 $=524 \times 0.27 = 141.48$ 元

水 $=0.276m³ \times 2.50 = 0.69$ 元

每1m³砖基础的材料费 $=38.09+141.48+0.69=180.26$ 元/m³

清单综合单价：

人工费 $=$ 定额单价×清单单位工程数量 $=626.64 \times 0.1 = 62.66$ 元/m³

材料费 $=$ 定额单价×清单单位工程数量 $=1802.60 \times 0.1 = 180.26$ 元/m³

机械费 $=$ 定额单价×清单单位工程数量 $=7.86 \times 0.1 = 0.79$ 元/m³

管理费和利润（综合费）$=$ 定额单价×清单单位工程数量 $=117.39 \times 0.1 = 11.74$ 元/m³

清单综合单价 $=$ 人工费＋材料费＋机械费＋综合费 $=62.66+180.26+0.79+11.74=255.45$ 元/m³

(4) 010302001001　实心砖墙

套定额 AC0011　M5混合砂浆砌实心砖墙

定额单价：

人工费 $=513.15 \times (1+31.89) \times 1.05 = 710.63$ 元/10m³

材料费 $=1796.10$ 元/10m³

机械费 $=7.27$ 元/10m³

管理费和利润（综合费）$=156.13 \times 0.85 = 132.71$ 元/10m³

其中：材料费计算过程

通过查定额，得出每 1m³ 实心砖墙的材料消耗量如下：

M5 混合砂浆（细砂）：0.224m³

其中：水泥 32.5：40.096kg

细砂 0.26m³

石灰膏 0.031m³

标准砖：531 块

水：0.121m³

其他材料费：0.52 元

根据当地造价管理部门发布的工程造价信息及市场价格

M5 混合砂浆(0.224m³)＝15.64＋16.12＋3.66＝35.42 元

水泥 32.5＝40.096(kg)×0.39(元/kg)＝15.64 元

细砂＝0.26(m³)×62(元/m³)＝16.12 元

石灰膏＝0.031(m³)×118(元/m³)＝3.66 元

M5 混合砂浆每 1m³ 单价＝(15.64＋16.12＋3.66)÷0.224＝158.13 元/m³

标准砖＝531×0.27＝143.37 元

水＝0.121(m³)×2.50(元/m³)＝0.30 元

每 1m³ 砖基础的材料费＝35.42＋143.37＋0.30＋0.52＝179.61 元/m³

清单综合单价：

人工费＝定额单价×清单单位工程数量＝710.63×0.1＝71.06 元/m³

材料费＝179.61 元/m³

机械费＝定额单价×清单单位工程数量＝7.27×0.1＝0.73 元/m³

管理费和利润(综合费)＝定额单价×清单单位工程数量＝137.27×0.1＝13.27 元/m³

清单综合单价＝人工费＋材料费＋机械费＋综合费＝71.06＋179.61＋0.73＋13.27＝264.67 元/m³

(5) 010403001001　　基础梁

套定额：AD0092　C20 混凝土基础梁

定额单价：

人工费＝372.35×(1＋31.89％)×1.05＝515.64 元/10m³

材料费＝188.02×10＝1880.20(元/10m³)

机械费＝56.04 元/10m³

管理费和利润(综合费)＝149.94×0.85＝127.45 元/10m³

其中：材料费计算过程

通过查定额，得出每 1m³ 基础梁的材料消耗量如下：

C20 混凝土(中砂)：1.015m³

其中：水泥 32.5：301.455kg

中砂 0.497m³

砾石 5~40mm 0.893m³

水：1.073m³

其他材料费：1.24 元

根据当地造价管理部门发布的工程造价信息及市场价格

C20 混凝土(1.015m³)＝117.57＋30.81＋35.72＝184.10 元

水泥 32.5＝301.455(kg)×0.39(元/kg)＝117.57 元

中砂＝0.497(m³)×62(元/m³)＝30.81 元

砾石＝0.893(m³)×40(元/m³)＝35.72 元

C20 混凝土每 1m³ 单价＝(117.57＋30.81＋35.72)÷1.015＝181.38 元/m³

水＝1.073(m³)×2.50(元/m³)＝2.68 元

每 1m³ C20 混凝土基础梁的材料费＝184.10＋2.68＋1.24＝188.02 元

清单综合单价：

人工费＝定额单价×清单单位工程数量＝515.64×0.1＝51.56 元/m³

材料费＝188.02 元/m³

机械费＝定额单价×清单单位工程数量＝56.04×0.1＝5.60 元/m³

管理费和利润(综合费)＝定额单价×清单单位工程数量＝127.45×0.1＝12.75 元/m³

清单综合单价＝人工费＋材料费＋机械费＋综合费＝51.56＋188.02＋5.60＋12.75＝257.93 元/m³

(6) 010416001001　现浇混凝土钢筋(圆钢≤φ10)

套定额：AD0885　现浇混凝土钢筋(圆钢≤φ10)

定额单价：

人工费＝595.20×(1＋31.89％)×1.05＝824.26 元/t

材料费＝4081.86 元/t

机械费＝30.71 元/t

管理费和利润(综合费)＝187.77×0.85＝159.60 元/t

其中：材料费计算过程

通过查定额，得出每 1t 现浇混凝土钢筋(圆钢≤φ10)的材料消耗量如下

圆钢(≤φ10)：1.08t

其他材料费：53.46 元

根据当地造价管理部门发布的工程造价信息及市场价格

圆钢(≤φ10)＝1.08(t)×3730(元/t)＝4028.40 元

每 1t 现浇混凝土钢筋(圆钢≤φ10)的材料费＝4028.40＋53.46＝4081.86 元

清单综合单价：

人工费＝定额单价×清单单位工程数量＝824.26×1＝824.26 元/t

材料费＝4081.86 元/t

机械费＝定额单价×清单单位工程数量＝30.71×1＝30.71 元/t

管理费和利润(综合费)＝定额单价×清单单位工程数量＝159.60×1＝

176.85元/t

清单综合单价＝人工费＋材料费＋机械费＋综合费＝824.26＋4081.86＋30.71＋159.60＝5096.43元/m²

(7) 0107020001001　屋面卷材防水

套定额：AG0378　弹性体(SBS)改性沥青卷材防水

BA006＋BA0015　1：3水泥砂浆找平层(25mm厚)

BA0024－BA0026　1：2水泥砂浆面层(20mm厚)

AG0378 弹性体(SBS)改性沥青卷材防水

定额单价：

人工费＝367.20×(1＋31.89%)×1.05＝508.52元/100m²

材料费＝17.93(元/m²)×100(m²)＝1793.00元/100m²

机械费(无)

管理费和利润(综合费)＝110.16×0.85＝93.64元/100m²

其中：材料费计算过程

通过查定额，得出每1m² 弹性体(SBS)改性沥青卷材防水的材料消耗量如下：

弹性体(SBS)改性沥青卷材防水　聚酯胎Ⅰ型3mm：1.13m²

冷底子油30：70：0.5712kg

其中：石油沥青30号　0.1828kg

汽油90号　0.4398kg

改性沥青嵌缝油膏：0.107kg

其他材料费：48.00元

根据当地造价管理部门发布的工程造价信息及市场价格

弹性体(SBS)改性沥青卷材防水　聚酯胎Ⅰ型3mm＝1.13(m²)×12.50(元/m²)＝14.13元

冷底子油30：70：(0.5712kg)＝0.80＋2.31＝3.11元

其中：石油沥青30号＝0.1828(kg)×4.36(元/kg)＝0.80元

汽油　90号＝0.4398(kg)×5.26(元/kg)＝2.31元

冷底子油30：70每1kg单价＝3.11÷0.5712＝5.44元

改性沥青嵌缝油膏：0.107(kg)×2.00(元/kg)＝0.21元

每1m² 弹性体(SBS)改性沥青卷材防水的材料费＝14.13＋3.11＋0.21＋0.48＝17.93元

单位工程量价格

人工费＝508.52×0.01＝5.09元/m²

材料费＝1786×0.01＝17.93元/m²

机械费(无)

管理费和利润(综合费)＝93.64×0.01＝0.94(元/m²)

BA006＋BA0015　1：3水泥砂浆找平层(25mm厚)

定额单价：

人工费＝(346.85＋71.80)×(1＋31.89％)×1.05＝579.77 元/100m²

材料费＝6.19(元/m²)×100(m²)＝619.00 元/100m²

机械费＝6.68＋1.57＝8.25 元/100m²

管理费和利润(综合费)＝(86.71＋17.95)×0.85＝88.96(元/100m²)

其中：材料费计算过程

通过查定额，得出每1m² 1：3水泥砂浆找平层的材料消耗量如下：

1：3水泥砂浆(中砂)：(0.0202＋0.0051)＝0.0253m³

其中：水泥32.5 (8.9284＋2.2542)＝11.1826kg

中砂 (0.0229＋0.006)＝0.0289m³

水 (0.0121＋0.0015)＝0.0136m³

根据当地造价管理部门发布的工程造价信息及市场价格

1：3水泥砂浆(中砂)：(0.0253m³)＝4.36＋1.79＝6.15元

其中：水泥32.5 11.1826(kg)×0.39(元/kg)＝4.36 元

中砂 0.0289(m³)×62(元/m³)＝1.79 元

每1m³ 1：3水泥砂浆(中砂)的价格＝6.15÷0.0253＝243.08 元

水：0.0136(m³)×2.50(元/m³)＝0.04 元

每1m² 1：3水泥砂浆找平层(25mm 厚)的材料费＝6.15＋0.04＝6.19 元

单位工程量价格

人工费＝579.77×0.01＝5.80 元/m²

材料费＝619.00×0.01＝9＝6.19 元/m²

机械费＝8.25×0.01＝9＝0.08 元/m²

管理费和利润(综合费)＝88.96×0.01＝0.89 元/m²

BA0024－BA0026 1：2水泥砂浆面层(20mm 厚)

定额单价：

人工费＝(473.20－93.90)×(1＋31.89％)×1.05＝525.27 元/100m²

材料费＝6.74(元/m²)×100(m²)＝674.00 元/100m²

机械费＝8.25－1.57＝6.68 元/100m²

管理费和利润(综合费)＝(118.30－23.48)×0.85＝80.60 元/100m²

其中：材料费计算过程

通过查定额，得出每1m² 1：2水泥砂浆面层（20mm 厚）的材料消耗量如下：

1：2水泥砂浆(中砂)：(0.0253－0.0051)＝0.0202m³

由于定额中水泥等原材料是水泥砂浆和水泥浆用量的综合，不能直接从该定额中得到0.0202m³ 1：2水泥砂浆的原材料用量，则可以查附录砂浆配合比计算。

查YD003

其中：水泥32.5 600(kg/m³)×0.0202(m³)＝12.12kg

中砂　1.04(m³/m³)×0.0202(m³)＝0.021m³
水泥浆：0.001m³
其中：水泥 32.5　(16.697－3.0359)－12.12＝1.5411kg
水：0.0461－0.0015＝0.0446m³
根据当地造价管理部门发布的工程造价信息及市场价格
1：2水泥砂浆(中砂)：(0.0202m³)＝4.73＋1.30＝6.03元
其中：水泥 32.5　12.12(kg)×0.39(元/kg)＝4.73元
中砂　0.021(m³)×62(元/m³)＝1.30元
每1m³ 1：2水泥砂浆(中砂)的价格＝6.03÷0.0202＝298.51元
水泥浆(0.001m³)＝0.60元
其中：水泥 32.5　1.5411(kg)×0.39(元/kg)＝0.60元
每1m³水泥浆的价格＝0.60÷0.001＝600.00元
水：0.0446(m³)×2.50(元/m³)＝0.11元
每1m² 1：2水泥砂浆面层(20mm厚)的材料费＝6.03＋0.60＋0.11＝6.74元
单位工程量价格
人工费＝525.27×0.01＝5.25元/m²
材料费＝674.00×0.01＝9＝6.74元/m²
机械费＝6.68×0.01＝9＝0.07元/m²
管理费和利润(综合费)＝80.60×0.01＝0.81元/m²
清单综合单价：
人工费＝Σ单位清单项目所含报价项目单位人工费＝5.08＋5.80＋5.25＝16.13元/m²
材料费＝Σ单位清单项目所含报价项目单位材料费＝17.93＋6.19＋6.74＝30.86元/m²
机械费＝Σ单位清单项目所含报价项目单位机械费＝0.00＋0.08＋0.07＝0.15元/m²
管理费和利润(综合费)＝Σ单位清单项目所含报价项目单位综合费＝0.94＋0.89＋0.81＝2.64元/m²
清单综合单价＝人工费＋材料费＋机械费＋综合费＝16.13＋30.86＋0.15＋2.64＝49.78元/m²

(8) 020101001001　水泥砂浆地面
套定额：BA0024－BA0026　1：2水泥砂浆地面面层(20mm厚)
　　　　AD0022　C10混凝土地面垫层
通过前例可知：1：2水泥砂浆地面面层(20mm厚)
单位工程量价格
人工费＝525.27×0.01＝5.00元/m²
材料费＝674.00×0.01＝9＝7.08元/m²

机械费＝6.68×0.01=9=0.07 元/m²

管理费和利润(综合费)＝80.26×0.01=0.81 元/m²

具体计算过程见前例。

AD0022　C10 混凝土地面垫层

定额单价：

人工费＝132.00×(1+31.89%)×1.05=182.79 元/10m³

材料费＝238×10.15+(2.54×2.50+3.90)=2425.95 元/10m³

机械费＝9.89 元/10m³

管理费和利润(综合费)＝56.76×0.85=48.25 元/10m³

其中：材料费的计算过程如下

通过查定额，得出每 1m² 水泥砂浆地面的 C10 混凝土垫层(100mm 厚)的材料消耗量如下：

C10 商品混凝土：10.15÷10×0.1=0.1015m³

水：2.54÷10×0.1=0.0254m³

其他材料费：3.9÷10×0.1=0.04 元

根据当地造价管理部门发布的工程造价信息及市场价格

C10 商品混凝土(0.1015m³)=0.1015(m³)×238(元/m³)=24.16 元

每 1m² 混凝土垫层的材料费＝24.16+0.0254×2.50+0.04=24.26 元

单位工程量价格

人工费＝182.79×0.01=1.83 元/m²

材料费＝2425.95×0.01=24.26 元/m²

机械费＝9.89×0.01=0.10 元/m²

管理费和利润(综合费)＝48.25×0.01=0.48 元/m²

清单综合单价：

人工费＝Σ 单位清单项目所含报价项目单位人工费＝5.25+1.83=7.08 元/m²

材料费＝Σ 单位清单项目所含报价项目单位材料费＝6.74+24.26=31.00 元/m²

机械费＝Σ 单位清单项目所含报价项目单位机械费＝0.07+0.10=0.17 元/m²

管理费和利润(综合费)＝Σ 单位清单项目所含报价项目单位综合费＝0.81+0.48=1.29 元/m²

清单综合单价＝人工费+材料费+机械费+综合费＝7.08+31.00+0.17+1.29=39.54 元/m²

(9) 020201001001　内墙面抹灰

套定额：(BB0007-BB0057)(换)　混合砂浆抹砖墙(20mm 厚)

定额单价：

人工费＝(523.25-18.00)×(1+31.89%)×1.05=699.69 元/100m²

材料费＝6.48×100＝648.00 元/100m²

机械费＝7.66－0.39＝7.27 元/100m²

管理费和利润（综合费）＝(130.81－4.50)×0.85＝107.36 元/100m²

其中：材料费的计算过程如下

通过查定额，得出每 1m² 混合砂浆抹砖墙材料消耗量如下：

1:1:6 混合砂浆＝0.017－0.0011＝0.0159m³

1:0.3:2.5 混合砂浆＝0.0055m³

水：0.0223－0.0068＝0.0155m³

其他材料费：1.12 元

由于定额中是 1:1:6 混合砂浆底、1:0.3:2.5 混合砂浆面，清单工程量的项目特征明确是 1:0.5:2.5 混合砂浆，需要根据附录的砂浆配合比将定额中的砂浆用量等量换算。

底层 1:1:6 混合砂浆、面层 1:0.3:2.5 混合砂浆均换为 1:0.5:2.5 混合砂浆

查定额 YD0048

1:0.5:2.5 混合砂浆用量＝1:1:6 混合砂浆用量＋1:0.3:2.5 混合砂浆用量
＝0.0159＋0.0055＝0.0214m³

其中：水泥 32.5＝432(kg/m³)×0.0214(m³)＝9.2448kg

细砂＝0.97(m³/m³)×0.0214(m³)＝0.0208m³

石灰膏＝0.17(m³/m³)×0.0214(m³)＝0.0036m³

根据当地造价管理部门发布的工程造价信息及市场价格

1:0.5:2.5 混合砂浆(0.0214m³)＝(3.61＋1.29＋0.42)＝5.32 元/m²

其中：水泥 32.5＝9.2448(kg)×0.39(元/kg)＝3.61 元

细砂＝0.0208(m³)×62(元/m³)＝1.29 元

石灰膏＝0.0036(m³)×118(元/m³)＝0.42 元

1:0.5:2.5 混合砂浆每 1m³ 单价＝(3.61＋1.29＋0.42)÷0.0214＝248.60 元/m³

水：0.0155(m³)×2.5(元/m³)＝0.04 元

其他材料费：1.12 元

每 1m² 混合砂浆内墙抹灰（20mm 厚）的材料费＝5.32＋0.04＋1.12＝6.48 元/m²

清单综合单价：

人工费＝定额单价×清单单位工程数量＝699.69×0.01＝7.00 元/m²

材料费＝定额单价×清单单位工程数量＝648.00×0.01＝6.48 元/m²

机械费＝定额单价×清单单位工程数量＝7.27×0.01＝0.07 元/m²

管理费和利润（综合费）＝定额单价×清单单位工程数量＝107.36×0.01＝1.07 元/m²

清单综合单价＝人工费＋材料费＋机械费＋综合费＝7.00＋6.48＋0.07＋

$1.07 = 14.62$ 元$/m^2$

(10) 020301001001　天棚抹灰

套定额：BC0005 换　混合砂浆（细砂）抹天棚

定额单价：

人工费 $= 618.47 \times (1+31.89\%) \times 1.05 = 856.49$ 元$/100m^2$

材料费 $= 5.06 \times 100 = 506.00$ 元$/100m^2$

机械费 $= 6.48$ 元$/100m^2$

管理费和利润（综合费）$= 154.62$ 元$/100m^2$

其中：材料费的计算过程如下

通过查定额，得出每 $1m^2$ 混合砂浆抹天棚材料消耗量如下：

1：0.3：3 混合砂浆：$0.0041m^3$

查 YD0043 其中：水泥 $32.5 = 419(kg/m^3) \times 0.0041(m^3) = 1.7179kg$

细砂 $= 1.12(m^3/m^3) \times 0.0041(m^3) = 0.0046m^3$

石灰膏 $= 0.10(m^3/m^3) \times 0.0041(m^3) = 0.0004m^3$

1：0.5：2.5 混合砂浆：$0.0135m^3$

查定额 YD0048 其中：水泥 $32.5 = 432(kg/m^3) \times 0.0135(m^3) = 5.832kg$

细砂 $= 0.97(m^3/m^3) \times 0.0135(m^3) = 0.0131m^3$

石灰膏 $= 0.17(m^3/m^3) \times 0.0135(m^3) = 0.0023m^3$

水泥 801 胶浆用量 $= 0.001m^3$

查定额 YD0176 其中：水泥 $32.5 = 1224(kg/m^3) \times 0.001(m^3) = 1.224kg$

801 胶 $= 102(kg/m^3) \times 0.001(m^3) = 0.102kg$

水：$0.0182m^3$

其他材料费：0.066 元

根据当地造价管理部门发布的工程造价信息及市场价格

1：0.3：3 混合砂浆$(0.0041m^3) = 0.67+0.29+0.05 = 1.01$ 元

其中：水泥 $32.5 = 1.7179(kg) \times 0.39(元/kg) = 0.67$ 元

细砂 $= 0.0046(m^3) \times 62(元/m^3) = 0.29$ 元

石灰膏 $= 0.0004(m^3) \times 118(元/m^3) = 0.05$ 元

1：0.3：3 混合砂浆每 $1m^3$ 单价 $= 1.01 \div 0.0041 = 246.34$ 元$/m^3$

1：0.5：2.5 混合砂浆$(0.0135m^3) = 2.27+0.81+0.27 = 3.35$ 元

其中：水泥 $32.5 = 5.832(kg) \times 0.39(元/kg) = 2.27$ 元

细砂 $= 0.0131(m^3) \times 62(元/m^3) = 0.81$ 元

石灰膏 $= 0.0023(m^3) \times 118(元/m^3) = 0.27$ 元

1：0.5：2.5 混合砂浆每 $1m^3$ 单价 $= 3.35 \div 0.0135 = 248.15$ 元$/m^3$

水泥 801 胶浆$(0.001m^3) = 0.48+0.10 = 0.58$ 元

其中：水泥 $32.5 = 1.224(kg) \times 0.39(元/kg) = 0.48$ 元

801 胶 $= 0.102(kg) \times 1.00(元/m^3) = 0.10$ 元

水泥 801 胶浆每 $1m^3$ 单价 $= 0.58 \div 0.001 = 580.00$ 元$/m^3$

水＝0.0182(m³)×2.50＝0.05 元

其他材料费：0.066 元

每 1m² 混合砂浆抹天棚的材料费＝1.01＋3.35＋0.58＋0.05＋0.07＝5.06 元/m²

清单综合单价：

人工费＝定额单价×清单单位工程数量＝856.49×0.01＝8.56 元/m²

材料费＝506.00×0.01＝5.06 元/m²

机械费＝定额单价×清单单位工程数量＝6.48×0.01＝0.06 元/m²

管理费和利润(综合费)＝定额单价×清单单位工程数量＝131.43×0.01＝1.31 元/m²

清单综合单价＝人工费＋材料费＋机械费＋综合费＝8.56＋5.06＋0.06＋1.31＝14.99 元/m²

(11) 020406005001　铝合金推拉窗

套定额：BD0147　铝合金推拉窗

定额单价：

人工费＝1848.75×(1＋31.89%)×1.05＝2560.23 元/100m²

材料费＝167.98×100＝16798.00 元/100m²

机械费＝139.45 元/100m²

管理费和利润(综合费)＝924.38×0.85＝785.72 元/100m²

其中材料费的计算过程如下

通过查定额，得出每 1m² 铝合金推拉窗消耗量如下：

铝合金推拉窗：0.951m²

其他材料费：11.06 元

清单工程量项目特征明确铝合金推拉窗为 90 系列铝合金，5 厚玻璃

根据当地造价管理部门发布的工程造价信息及市场价格

90 系列铝合金推拉窗(5mm 厚玻璃)：170 元(不含安装)

1m² 铝合金推拉窗的材料费＝0.951×165＋11.06＝167.98 元

清单综合单价：

人工费＝定额单价×清单单位工程数量＝2560.23×0.01＝25.60 元/m²

材料费＝16798.00×0.01＝167.98 元/m²

机械费＝定额单价×清单单位工程数量＝139.45×0.01＝1.39 元/m²

管理费和利润(综合费)＝定额单价×清单单位工程数量＝785.72×0.01＝7.86 元/m²

清单综合单价＝人工费＋材料费＋机械费＋综合费＝25.60＋167.98＋1.39＋7.86＝202.83 元/m²

7.3 措施项目综合单价的编制

7.3.1 措施项目的内容

措施项目是指为完成项目施工,发生于该工程施工前和施工过程中技术、生活、安全等方面的非工程实体项目。

招标人提出的措施项目清单是根据一般情况确定的,没有考虑不同投标人的"个性"。

例如,车库工程招标人提出的措施项目清单如下:

措施项目清单与计价表(一)

工程名称:车库工程(建筑工程)　　　　标段:　　　　　第1页 共1页

序号	项目名称	计算基础	费率(%)	金额(元)
1.1	安全文明施工费			
1.1.1	环境保护	分部分项清单定额人工费	0.5	
1.1.2	文明施工	分部分项清单定额人工费	10	
1.1.3	安全施工	分部分项清单定额人工费	15	
1.1.4	临时设施	分部分项清单定额人工费	15	
1.2	夜间施工费	分部分项清单定额人工费	2.5	
1.3	二次搬运费	分部分项清单定额人工费	1.5	
1.4	冬雨季施工	分部分项清单定额人工费	2	
		合计		

措施项目清单与计价表(二)

工程名称：车库工程(建筑工程)　　　　标段：　　　　　　第1页 共1页

序号	项目编码	项目名称	项目特征描述	计量单位	工程量	金额(元)		
						综合单价	合价	其中：暂估价
2.1		建筑工程						
2.1.1		混凝土、钢筋混凝土模板及支架		项	1			
(1)	TB0003	基础垫层模板安装、拆除		m²	13.92			
(2)	TB0001	基础模板安装、拆除		m²	73.44			
(3)	TB0010	矩形柱模板安装、拆除		m²	120.00			
(4)	TB0013	基础梁模板安装、拆除		m²	52.27			
(5)	TB0025	有梁板模板安装、拆除		m²	379.08			
(6)	TB0041	压顶模板安装、拆除		m	80			
2.1.2		脚手架		项	1			
(1)		综合脚手架		m²	293.62			
2.1.3		垂直运输机械		项	1			
(1)		垂直运输机械		m²	293.62			
2.1.4		建筑物超高施工增加费						
		本页小计						
		合计						

投标人投标时应根据自身编制的投标施工组织设计或施工方案确定措施项目，对招标人提供的措施项目进行调整。投标人根据投标施工组织设计或施工方案调整和确定的措施项目应通过评标委员会的评审。

7.3.2 措施项目报价的确定方法

措施项目清单计价应根据拟建工程的施工组织设计，可以计算工程量适宜采用分部分项工程量清单方式的措施项目应采用综合单价计价；其余的措施项目可以"项"为单位的方式计价，应包括除规费、税金外的全部费用。也就是说，可以计算工程量的措施项目，宜采用分部分项工程量清单的方式编制，与之相对应，应采用综合单价计价；以"项"为计量单位的，按项计价，其价格组成与综合单价相同，应包括除规费、税金以外的全部费用。

7.3.3 措施项目综合单价编制举例

通过对措施项目费确定方法的介绍，对于不计算工程量的项目按照规定的计算基础和费率进行计算，对于可以计算工程量的项目按照规定应该采用综合单价计价，方法雷同于分部分项工程综合单价的确定。

例如车库工程，招标人提出的措施项目清单，对于措施项目清单与计价表（一）的各个项目，投标人首先分析是否需要，对于需要的项目按照规定方法计算即可，不需要的项目，不用填数。

对于措施项目清单与计价表（二）的项目，应该采取综合单价计价。

编制招标控制价的措施项目费综合单价编制依据和方法以及投标报价的措施项目费综合单价编制依据和方法和分部分项工程综合单价的依据和方法是一样的，这里不再从两个角度介绍，只以招标控制价的措施项目综合单价为例。

（1）工程对象：某车库，见附录1。

（2）招标人没有能力编制招标控制价，与某造价咨询公司签订委托合同，由该造价咨询公司编制清单，并完成招标控制价的编制。

（3）编制招标控制价情况假设：

1）招标控制价编制人按照正常的施工条件，采取常用的措施进行计算措施项目费。

2）采用本省颁布的最新的计价定额，按照其消耗量标准计算措施项目费。

3）目前政府发布的人工费调整系数，工程所在地的调整系数是 31.89%。

4）根据造价管理部门发布的价格信息报价，造价信息没有的材料，根据本单位掌握的市场价格进行计价，该市场价格已经包含采购、运至施工现场仓库和保管等全部费用（表 7-4）。

工程所在地材料价格信息（节选）　　　表 7-4
年　月

材料名称	型号规格	单位	造价信息价格（元）	企业掌握的市场价格（元）
组合钢模 包括附件		kg	4.426	
摊销卡具和支撑材料		kg	4.442	
锯材	二等综合	m³	2000.00	
锯材	综合	m³	1850.00	
脚手架钢材		kg	3.30	

5）造价管理部门没有发布关于机械费调整的通知，机械费按照计价定额确定，不予调整。

6）造价管理部门没有发布关于综合费调整的通知，综合费按照计价定额确定，不予调整。

7）计价定额摘录见附录2。

措施项目清单(二)综合单价分析表

工程名称:车库工程(建筑工程)　　　标段:　　　第1页 共3页

项目编码	2.1.1		项目名称		混凝土、钢筋混凝土模板及支架		计量单位		项
清单综合单价组成明细									
定额编号	定额名称	定额单位	数量	单价			合价		
				人工费	材料费	机械费	管理费和利润	人工费	材料费	机械费	管理费和利润

定额编号	定额名称	定额单位	数量	人工费	材料费	机械费	管理费和利润	人工费	材料费	机械费	管理费和利润
TB0003	基础垫层模板安拆	100m²	0.1392	852.01	3020.46	44.09	138.02	118.60	420.45	6.14	19.21
TB0001	基础模板安拆	100m²	0.7344	1277.02	2294.86	136.01	220.85	937.84	1685.35	99.89	162.19
TB0010	矩形柱模板安拆	100m²	1.20	1622.71	1073.22	178.18	281.71	1947.25	1287.86	213.82	338.05
TB0013	基础梁模板安拆	100m²	0.5227	1385.17	1181.43	130.00	235.05	724.03	617.53	67.95	122.86
TB0025	有梁板模板安拆	100m²	3.7908	1522.87	1204.05	253.01	281.53	5772.90	4564.31	959.11	1067.22
TB0041	压顶模板安拆	100m	0.80	1447.63	1203.31	67.09	232.94	1158.10	962.65	53.67	186.35
人工单价			小计					10658.72	9538.15	1400.58	1895.88
元/工日			未计价材料费								
清单项目综合单价								23493.33			

材料费明细	主要材料名称、规格、型号	单位	数量	单价(元)	合价(元)	暂估单价(元)	暂估合价(元)
	组合钢模板 包括附件	kg	294.47	4.426	1303.32		
	摊销卡具和支撑材料	kg	259.11	4.442	1150.96		
	二等锯材	m³	3.223	2000	6446		
	其他材料费			—	1077.05		
	材料费小计			—	9977.33		

注:1. 如不使用省级或行业建设主管部门发布的计价依据,可不填定额项目、编号等。
2. 招标文件提供了暂估单价的材料,按暂估的单价填入表内"暂估单价"及"暂估合价"栏。

措施项目清单(二)综合单价分析表

工程名称：车库工程(建筑工程)　　　　　　　　　　标段：

项目编码	2.1.2	项目名称	脚手架	计量单位	项

清单综合单价组成明细									
定额编号	定额名称	定额单位	数量	单价				合价			
^	^	^	^	人工费	材料费	机械费	管理费和利润	人工费	材料费	机械费	管理费和利润
TB0140	综合脚手架(≤6m)	100m²	2.9362	171.26	235.22	27.12	31.39	502.85	690.65	79.63	92.17
人工单价		小计				502.85	690.65	79.63	92.17	
元/工日		未计价材料费								
清单项目综合单价					1365.30						

材料费明细	主要材料名称、规格、型号	单位	数量	单价(元)	合价(元)	暂估单价(元)	暂估合价(元)
^	脚手架钢材	kg	24.74	3.30	81.64		
^	锯材综合	m³	0.043	1850	79.55		
^							
^							
^	其他材料费			—	74.03	—	
^	材料费小计			—	235.22	—	

注：1. 如不使用省级或行业建设主管部门发布的计价依据，可不填定额项目、编号等。
　　2. 招标文件提供了暂估单价的材料，按暂估的单价填入表内"暂估单价"及"暂估合价"栏。

措施项目清单(二)综合单价分析表

工程名称：车库工程(建筑工程)　　　　标段：　　　　第3页 共3页

项目编码	2.1.3	项目名称	垂直运输机械	计量单位	项
清单综合单价组成明细					

定额编号	定额名称	定额单位	数量	单价				合价			
				人工费	材料费	机械费	管理费和利润	人工费	材料费	机械费	管理费和利润
TB0165	垂直运输机械费(现浇框架、卷扬机)	100m²	2.9362	387.10	—	490.50	98.00	1136.60	—	1440.21	287.75
人工单价			小计				1136.60	—	1440.21	287.75		
元/工日			未计价材料费								
清单项目综合单价								2864.56			

材料费明细	主要材料名称、规格、型号	单位	数量	单价(元)	合价(元)	暂估单价(元)	暂估合价(元)
	其他材料费				—		—
	材料费小计				—		—

注：1. 如不使用省级或行业建设主管部门发布的计价依据，可不填定额项目、编号等。
　　2. 招标文件提供了暂估单价的材料，按暂估的单价填入表内"暂估单价"及"暂估合价"栏。

措施项目清单与计价表(二)

工程名称：车库工程(建筑工程)　　　　　标段：　　　　　第1页 共1页

序号	项目编码	项目名称	项目特征描述	计量单位	工程量	金额(元) 综合单价	金额(元) 合价	其中：暂估价
2.1		建筑工程						
2.1.1		混凝土、钢筋混凝土模板及支架		项	1	23493.33	23493.33	
(1)	TB0003	基础垫层模板安装、拆除		100m²	0.1392	4054.58	564.40	
(2)	TB0001	基础模板安装、拆除		100m²	0.7344	3928.74	2885.27	
(3)	TB0010	矩形柱模板安装、拆除		100m²	1.20	3155.82	3786.98	
(4)	TB0013	基础梁模板安装、拆除		100m²	0.5227	2931.65	1532.37	
(5)	TB0025	有梁板模板安装、拆除		100m²	3.7908	3261.46	12363.54	
(6)	TB0041	压顶模板安装、拆除		100m	0.80	2950.97	2360.77	
2.1.2		脚手架		项	1	1365.30	1365.30	
(1)		综合脚手架		100m²	2.9362	464.99	1365.30	
2.1.3		垂直运输机械		项	1	2864.56	2864.56	
(1)		垂直运输机械		100m²	2.9362	975.60	2864.56	
2.1.4		建筑物超高施工增加费						
		本页小计						
		合计						

措施项目综合单价计算过程分析：
(1) 混凝土、钢筋混凝土模板安装、拆除
1) 人工费的计算过程如下表：

定额编号	定额项目名称	定额人工费(元)	调整系数	调整后的人工费(元)
TB0003	基础垫层模板安拆	646.00	31.89%	852.01
TB0001	基础模板安拆	968.25	31.89%	1277.02
TB0010	矩形柱模板安拆	1230.35	31.89%	1622.71
TB0013	基础梁模板安拆	1050.25	31.89%	1385.17
TB0025	有梁板模板安拆	1154.65	31.89%	1522.87
TB0041	压顶模板安拆	1097.60	31.89%	1447.63
	小计	6147.10	31.89%	8107.41

2) 其中材料费的计算过程如下表：

定额编号	定额项目名称	组合钢模板包括附件				摊销卡具和支撑材料				二等锯材				其他材料费 元	材料费小计 元
		单位	数量	单价	小计	单位	数量	单价	小计	单位	数量	单价	小计		
TB0003	基础垫层模板安拆	kg	—			kg	—			m³	1.445	2000	2890	130.46	3020.46
TB0001	基础模板安拆	kg	69.66	4.426	308.32	kg	25.89	4.442	115.00	m³	0.74	2000	1480	391.54	2294.86
TB0010	矩形柱模板安拆	kg	76.09	4.426	336.77	kg	85.50	4.442	379.79	m³	0.155	2000	310	46.66	1073.22
TB0013	基础梁模板安拆	kg	76.67	4.426	339.34	kg	48.97	4.442	217.52	m³	0.184	2000	368	256.57	1181.43
TB0025	有梁板模板安拆	kg	72.05	4.426	318.89	kg	98.75	4.442	438.65	m³	0.163	2000	326	120.51	1204.05
TB0041	压顶模板安拆	kg	—			kg	—			m³	0.536	2000	1072	131.31	1203.31
	小计	kg	294.47	4.426	1303.32	kg	259.11	4.442	1150.96	m³	3.223	2000	6446	1077.05	9977.33

（2）脚手架

其中人工费的计算过程如下表：

定额编号	定额项目名称	定额人工费(元)	调整系数	调整后的人工费(元)
TB0140	综合脚手架(≤6m)	129.85	31.89%	171.26

（3）垂直运输机械

其中人工费的计算过程如下表：

定额编号	定额项目名称	定额人工费(元)	调整系数	调整后的人工费(元)
TB0165	垂直运输机械费（现浇框架、卷扬机）	293.50	31.89%	387.10

7.3.4 综合单价的调整

综合单价按照以上方法确定后，可能还会根据投标策略进行适当调整。值得注意的是，综合单价调整过度的降低可能会加大承包商亏损的风险；过度的提高可能会失去中标的可能。综合单价的调整具体方法在"商务标调整"课程中介绍，这里不详细介绍。

附录 1 车库工程施工图

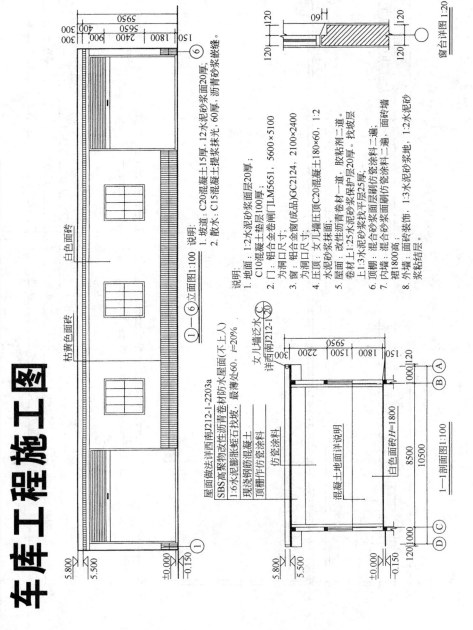

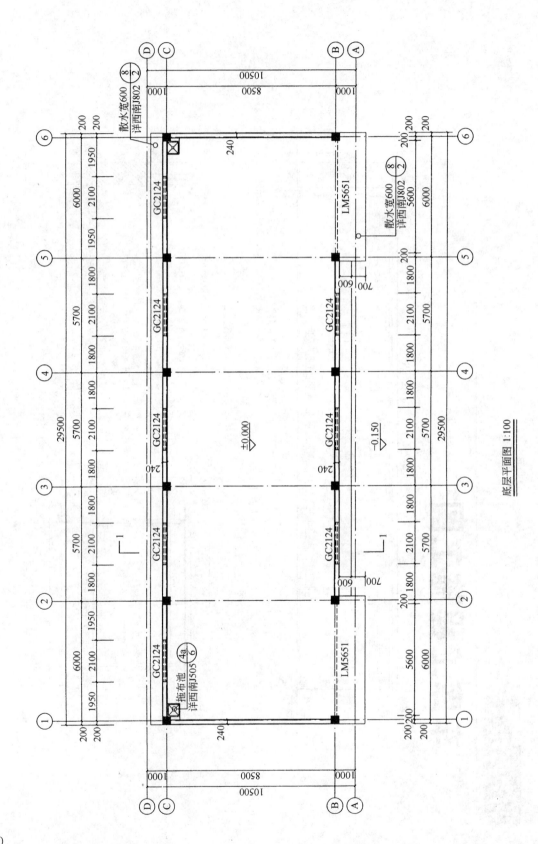

底层平面图 1:100

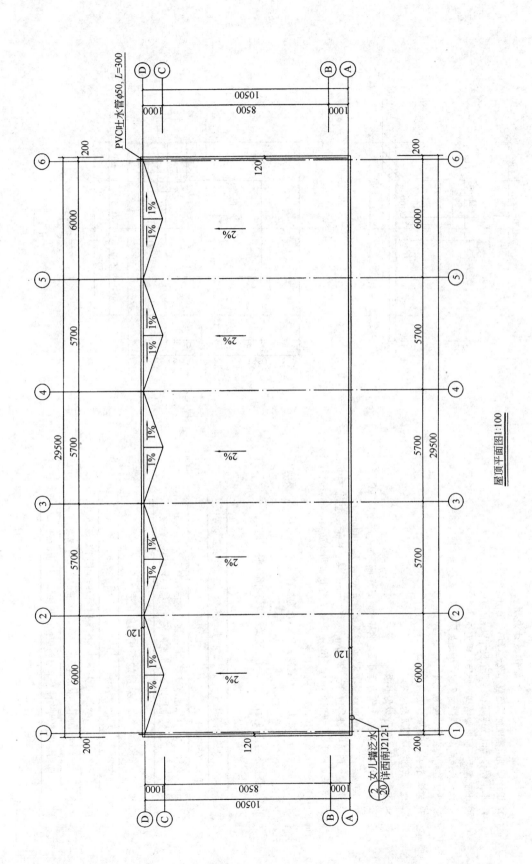

屋顶平面图 1:100

附录1 车库工程施工图

结构设计说明

1. 设计依据国家现行规范规程及建设单位提出的要求。
2. 本工程标高以 m 为单位，其余尺寸以 mm 为单位。
3. 本工程为一层框架结构，使用年限为 50 年。
4. 该建筑抗震设防烈度为 7 度，场地类别为 II 类，设计基本地震加速度 0.10g。
5. 本工程结构安全等级为二级，耐火等级为二级。
6. 建筑结构抗震重要性类别为丙类。
7. 地基基础设计等级为丙级。
8. 本工程砌体施工质量控制等级为 B 级。
9. 本工程采用粉质黏土作为持力层，地基承载力特征值为：$f_{ak}=150kPa$。
10. 防潮层采用 1:2 水泥砂浆掺 5%水泥砂浆防水剂，厚 20mm。
11. 混凝土的保护层厚度：板 20mm；柱 30mm；梁 30mm；基础 40mm。
12. 钢筋：HPB235 级钢筋（φ）；HRB400 级钢筋（Φ）；冷轧带肋钢筋 CRB550（Φ^R）；钢筋强度标准值应具有不小于 95%的保证率。
13. $L>4m$ 的板，$L/400(L$ 表示板跨)；$L>4m$ 的梁，$L/400(L$ 表示梁跨)；要求支模时跨中起拱 $L/400(L$ 表示梁跨)。
14. 未经技术鉴定或设计许可，不得更改结构的用途和使用环境。
15. 砌体：

砌体标高范围	砖强度等级	砂浆强度等级
−0.050 以下至 5.450	MU10	M5

备注：1. 具体墙厚见建筑施工图；砌体材料密度 19kg/m³
2. 防潮层以下为水泥砂浆防潮层以上为混合砂浆

采用的通用图集目录

序号	图集编号	图集名称
1	03G101-1	混凝土结构施工图平面整体表
2	西南 03G301	钢筋混凝土过梁

选用标准图的构件及节点时应同时按照标准图说明施工

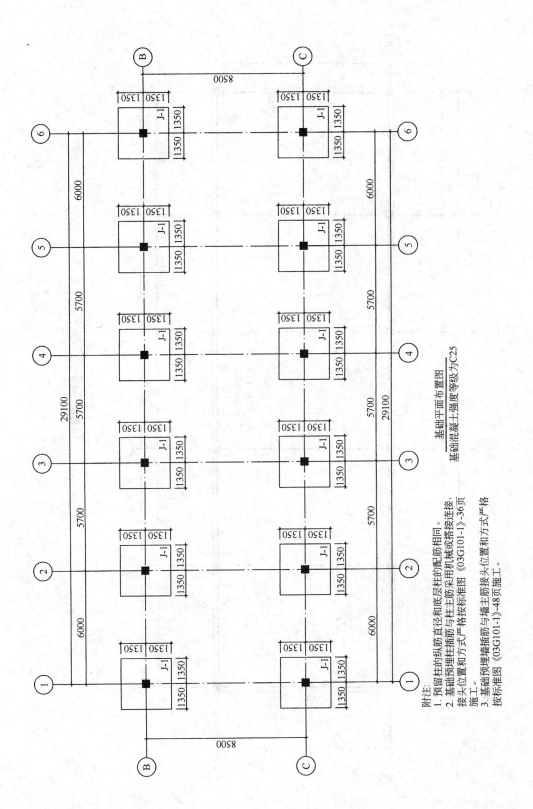

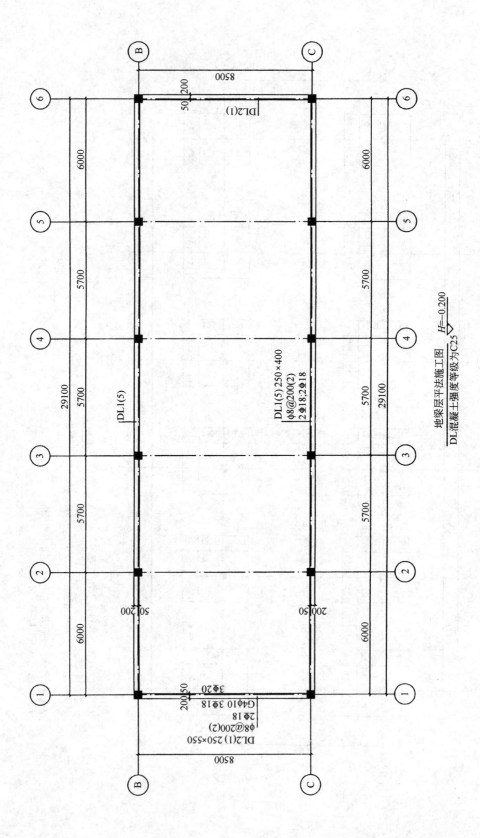

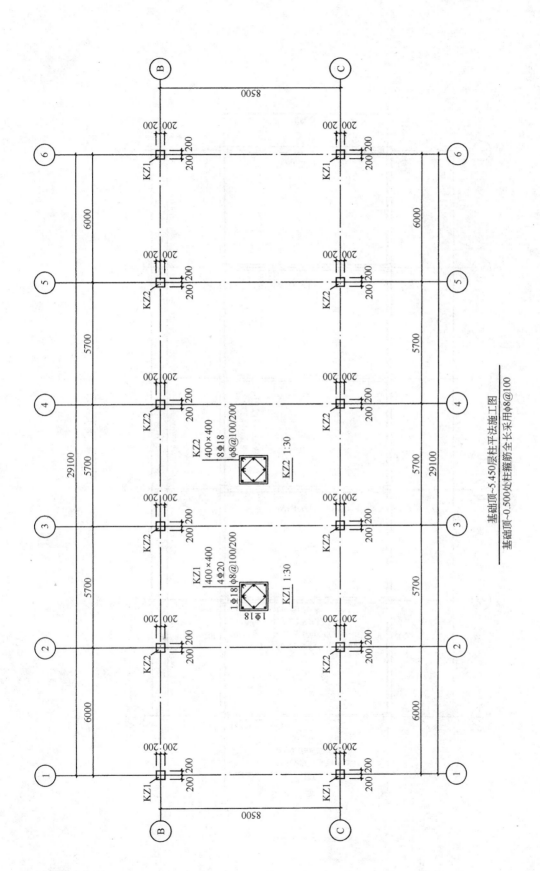

附录1 车库工程施工图

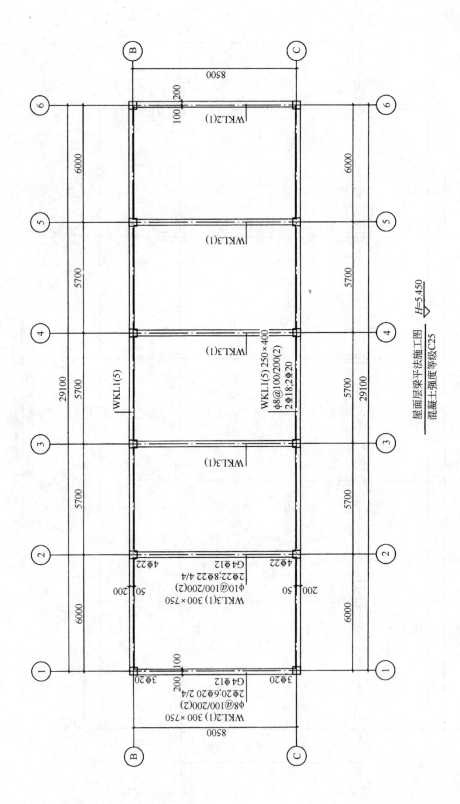

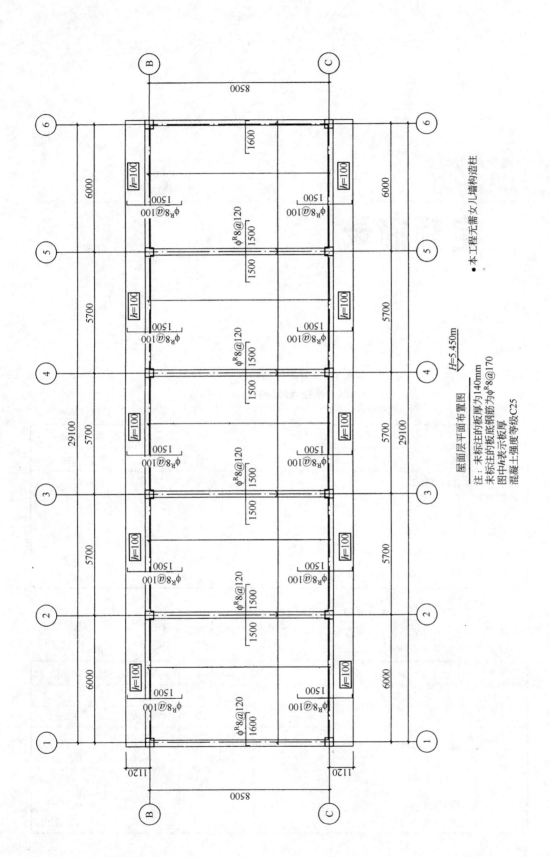

附录 2

定额摘录

A.A.1　土方工程（编码：010101）

A.A.1.1　平整场地（编码：010101001）

工程内容：标高≤±300mm 的挖填找平。

单位：100m²

定额编号			AA0001
项目	单位	单价(元)	平整场地
综合单(基)价	元		98.67
其中	人工费	元		37.75
	材料费	元		—
	机械费	元		49.96
	综合费	元		10.96

A.A.1.3　挖基础土方（编码：010101003）

工程内容：1. 挖土、装土、修理边底。2. 装土置于槽、坑自然堆放距离≤5m。
　　　　　3. 沟槽底夯实。

单位：10m³

定额编号			AA0004	AA0005	AA0006
项目	单位	单价(元)	沟槽、基坑(深度)		
			≤2m	≤4m	≤6m
综合单(基)价	元		112.22	123.64	137.81
其中	人工费	元		99.75	109.90	122.50
	材料费	元		—	—	—
	机械费	元		—	—	—
	综合费	元		12.47	13.74	15.31

A.C.1 砖基础(编码：010301)
A.C.1.1 砖基础(编码：010301001)

工程内容：清理基槽及基坑；调、运、铺砂浆；运砖、砌砖。 单位：10m³

定额编号		单位	单价(元)	AC0001	AC0002	AC0003	AC0004	AC0005
项目				砖基础				
				混合砂浆(细砂)		水泥砂浆(细砂)		
				M7.5	M10	M5	M7.5	M10
综合单(基)价		元		2017.79	2048.50	1987.57	2012.32	2032.31
其中	人工费	元		452.50	452.50	452.50	452.50	452.50
	材料费	元		1419.32	1450.03	1389.10	1413.85	1433.84
	机械费	元		7.86	7.86	7.86	7.86	7.86
	综合费	元		138.11	138.11	138.11	138.11	138.11
材料	混合砂浆(细砂)M7.5	m³	155.30	2.38	—	—	—	—
	混合砂浆(细砂)M10	m³	168.20	—	2.38	—	—	—
	水泥砂浆(细砂)M5	m³	142.60	—	—	2.38	—	—
	水泥砂浆(细砂)M7.5	m³	153.00	—	—	—	2.38	—
	水泥砂浆(细砂)M10	m³	161.40	—	—	—	—	2.38
	标准砖	千匹	200.00	5.24	5.24	5.24	5.24	5.24
	水泥 32.5	kg		(528.36)	(628.32)	(537.88)	(599.76)	(649.74)
	石灰膏	m³		(0.26)	(0.19)	—	—	—
	细砂	m³		(2.76)	(2.76)	(2.76)	(2.76)	(2.76)
	水	m³	1.50	1.14	1.14	1.14	1.14	1.14

A.C.2 砖砌体(编码：010302)
A.C.2.1 实心砖墙(编码：010302001)

工程内容：1. 调、运、铺砂浆。2. 安放木砖、铁件、砌砖。 单位：10m³

定额编号		单位	单价(元)	AC0011	AC0012	AC0013	AC0014	AC0015	AC0016
项目				砖墙					
				混合砂浆(细砂)			水泥砂浆(细砂)		
				M5	M7.5	M10	M5	M7.5	M10
综合单(基)价		元		2063.66	2093.45	2122.35	2065.00	2088.30	2107.12
其中	人工费	元		513.15	513.15	513.15	513.15	513.15	513.15
	材料费	元		1387.11	1416.90	1445.80	1388.45	1411.75	1430.57
	机械费	元		7.27	7.27	7.27	7.27	7.27	7.27
	综合费	元		156.13	156.13	156.13	156.13	156.13	156.13
材料	混合砂浆(细砂)M5	m³	142.00	2.24	—	—	—	—	—
	混合砂浆(细砂)M7.5	m³	155.30	—	2.24	—	—	—	—
	混合砂浆(细砂)M10	m³	168.20	—	—	2.24	—	—	—
	水泥砂浆(细砂)M5	m³	142.60	—	—	—	2.24	—	—
	水泥砂浆(细砂)M7.5	m³	153.00	—	—	—	—	2.24	—
	水泥砂浆(细砂)M10	m³	161.40	—	—	—	—	—	2.24
	标准砖	千匹	200.00	5.31	5.31	5.31	5.31	5.31	5.31
	水泥 32.5	kg		(100.96)	(497.28)	(591.36)	(506.24)	(564.48)	(611.52)
	细砂	m³		(2.60)	(2.60)	(2.60)	(2.60)	(2.60)	(2.60)
	石灰膏	m³		(0.31)	(0.25)	(0.17)	—	—	—
	水	m³	1.50	1.21	1.21	1.21	1.21	1.21	1.21
	其他材料费	元		5.22	5.22	5.22	5.22	5.22	5.22

A.D.1.1 带形基础(编码：010401001)

工程内容：1.将送到浇灌点的商品混凝土进行捣固、养护。2.安拆、清洗输送管。 单位：10m³

定额编号			AD0022	AD0023	AD0024
项目	单位	单价(元)	垫层		
			C10	C15	C20
			商品混凝土		
综合单(基)价	元		3403.10	3555.35	3707.60
其中	人工费	元	132.00	132.00	132.00
	材料费	元	3204.45	3356.70	3508.95
	机械费	元	9.89	9.89	9.89
	综合费	元	56.76	56.76	56.76
材料	商品混凝土 C10	m³	315.00	10.15	—	—
	商品混凝土 C15	m³	330.00	—	10.15	—
	商品混凝土 C20	m³	345.00	—	—	10.15
	水	m³	1.50	2.40	2.40	2.40
	其他材料费	元		3.60	3.60	3.60

A.D.3 现浇混凝土梁(编码：010403)

A.D.3.1 基础梁(编码：010403001)

工程内容：冲洗石子、混凝土搅拌、混凝土水平运输、浇捣、养护等全部操作过程。 单位：10m³

定额编号			AD0092	AD0093	AD0094
项目	单位	单价(元)	基础梁(中砂)		
			C20	C25	C30
综合单(基)价	元		2319.38	2502.89	2734.51
其中	人工费	元	372.35	372.35	372.35
	材料费	元	1741.05	1924.56	2156.18
	机械费	元	56.04	56.04	56.04
	综合费	元	149.94	149.94	149.94
材料	混凝土(中砂)C20	m³	168.72	10.15	—	—
	混凝土(中砂)C25	m³	186.80	—	10.15	—
	混凝土(中砂)C30	m³	209.62	—	—	10.15
	水泥 32.5	kg		(3014.55)	(3522.05)	—
	水泥 42.5	kg		—	—	(3248.00)
	中砂	m³		(4.97)	(4.57)	(4.97)
	砾石 5~40mm	m³		(8.93)	(8.93)	(8.83)
	水	m³	1.50	10.73	10.73	10.73
	其他材料费	元		12.44	12.44	12.44

A.D.16 钢筋工程(编码：010416)
A.D.16.1 现浇构件钢筋(编码：010416001)

工程内容：1. 平直、除锈、切断、点焊、对焊。 2. 运输、绑扎成型。

单位：t

定额编号				AD0885	AD0886	AD0887	AD0888
项目		单位	单价(元)	现浇构件钢筋			
				圆钢		螺纹钢	冷轧扭带肋钢筋
				(≤φ10)	(>φ10)		
				制作安装			
综合单(基)价		元		4971.14	4692.10	4658.11	4643.67
其中	人工费	元		595.20	327.90	302.75	410.40
	材料费	元		4157.46	4126.02	4127.80	4076.95
	机械费	元		30.71	107.55	105.18	25.54
	综合费	元		187.77	130.63	122.38	130.78
材料	圆钢≤φ10	t	3800.00	1.08	—	—	—
	圆钢>φ10	t	3800.00	—	1.07	—	—
	螺纹钢>φ10	t	3800.00	—	—	1.07	—
	冷轧扭带肋钢筋	t	3800.00	—	—	—	1.07
	焊条 综合	kg	5.00		9.00	8.64	—
	水	m³	1.50	0.13	0.16	0.10	
	其他材料费	元		53.46	14.82	18.36	10.80

A.G.2.1 屋面、地面卷材防水(编码：010702001)

工程内容：1. 清理基层、泛水收头处嵌油膏。 2. 刷冷子油，加热烤铺卷材、压实及做收头等。

单位：100m²

定额编号				AG0383	AG0384	AG0385	AG0386
项目		单位	单价(元)	聚乙烯丙纶复合卷材防水层	氯丁橡胶卷材防水层	橡塑共混橡胶(三元乙丁)卷材防水层	丙烯酸酯卷材防水层
综合单(基)价		元		2644.95	2506.67	3203.59	3102.64
其中	人工费	元		376.90	382.50	384.35	376.85
	材料费	元		2154.98	2009.42	2703.93	2612.73
	机械费	元		—	—	—	—
	综合费	元		113.07	114.75	115.31	113.06
材料	聚乙烯丙纶复合防水卷材1.2mm	m²	16.50	113.00	—	—	—
	氯丁橡胶卷材1.2mm	m²	15.00	—	113.00	—	—
	橡塑共混橡胶(三元乙丁)防水卷材非硫化型1.2mm	m²	21.00	—	—	113.00	—
	丙烯酸酯防水卷材	m²	20.00	—	—	—	113.00
	CSPE嵌缝油膏330ml	支	1.00	29.83	29.83	29.83	29.83
	聚氨酯甲:乙(1:1.5)	kg	5.00	47.13	—	28.87	—
	氯丁胶乳沥青涂料	kg	3.00	—	72.88	—	—
	cr-409液	kg	7.00	—	3.65	—	—
	BX-12粘结剂	kg	3.00	—	—	45.45	—
	改性沥青粘接剂	kg	1.80	—	—	—	150.00
	其他材料费	元		25.00	40.40	20.40	52.90

B.A.1 整体面层（编码：020101）
B.A.1.1 水泥砂浆楼地面（编码：020101001）
B.A.1.1.1 找平层

工程内容：清理基层，调制砂浆，混凝土搅拌、捣固、养护、磨平压实等全部操作过程。

单位：100m²

定额编号		单位	单价（元）	BA0001	BA0002	BA0003	BA0004	BA0005	BA0006
项目				水泥砂浆（中砂）厚度20					
				在填充材料上			在混凝土及硬基层上		
				1:2	1:2.5	1:3	1:2	1:2.5	1:3
综合单(基)价		元		1152.33	1093.63	1004.58	1027.70	980.83	909.73
其中	人工费	元		327.55	327.55	327.55	346.85	346.85	346.85
	材料费	元		734.64	675.94	586.89	587.46	540.59	469.49
	机械费	元		8.25	8.25	8.25	6.68	6.68	6.68
	综合费	元		81.89	81.89	81.89	86.71	86.71	86.71
材料	水泥砂浆（中砂）1:2	m³	289.92	2.53	—	—	2.02	—	—
	水泥砂浆（中砂）1:2.5	m³	266.72	—	2.53	—	—	2.02	—
	水泥砂浆（中砂）1:3	m³	231.52	—	—	2.53	—	—	2.02
	水泥 32.5	kg		(1518.00)	(1340.90)	(1118.26)	(1212.00)	(1070.60)	(892.84)
	中砂	m³		(2.63)	(2.88)	(2.89)	(2.10)	(2.30)	(2.29)
	水	m³	1.50	0.76	0.76	0.76	1.21	1.21	1.21

单位：100m²

定额编号		单位	单价（元）	BA0013	BA0014	BA0015	BA0016	BA0017	BA0018
项目				水泥砂浆（中砂）			水泥砂浆（特细砂）		
				每增减厚度5					
				1:2	1:2.5	1:3	1:2	1:2.5	1:3
综合单(基)价		元		239.41	227.58	209.63	236.87	224.95	206.99
其中	人工费	元		71.80	71.80	71.80	71.80	71.80	71.80
	材料费	元		148.09	136.26	118.31	145.55	133.63	115.67
	机械费	元		1.57	1.57	1.57	1.57	1.57	1.57
	综合费	元		17.95	17.95	17.95	17.95	17.95	17.95
材料	水泥砂浆（中砂）1:2	m³	289.92	0.51	—	—	—	—	—
	水泥砂浆（中砂）1:2.5	m³	266.72	—	0.51	—	—	—	—
	水泥砂浆（中砂）1:3	m³	231.52	—	—	0.51	—	—	—
	水泥砂浆（特细砂）1:2	m³	284.94	—	—	—	0.51	—	—
	水泥砂浆（特细砂）1:2.5	m³	261.56	—	—	—	—	0.51	—
	水泥砂浆（特细砂）1:3	m³	226.36	—	—	—	—	—	0.51
	水泥 32.5	kg		(306.00)	(270.30)	(225.42)	(306.00)	(270.30)	(225.42)
	中砂	m³		(0.53)	(0.58)	(0.58)	—	—	—
	特细砂	m³		—	—	—	(0.55)	(0.60)	(0.60)
	水	m³	1.50	0.15	0.15	0.15	0.15	0.15	0.15

B.B.1 墙面抹灰(编码：020201)

B.B.1.1 墙面一般抹灰(编码：020201001)

B.B.1.1.1 石灰砂浆(略)

B.B.1.1.2 混合砂浆

工程内容：1. 清理、修补、湿润基层、墙眼堵塞、调运砂浆、清扫落地灰。
2. 分层抹灰找平、洒水湿润、罩面压光等全部操作过程。

单位：100m²

定额编号		单位	单价(元)	BB0005	BB0006	BB0007	BB0008
				混凝土墙面		其他墙面	
项 目				混合砂浆			
				细砂	特细砂	细砂	特细砂
综合单(基)价		元		1487.93	1479.58	1073.01	1067.03
其中	人工费	元		768.40	768.40	523.25	523.25
	材料费	元		518.00	509.65	411.29	405.31
	机械费	元		9.43	9.43	7.66	7.66
	综合费	元		192.10	192.10	130.81	130.81
材料	混合砂浆(细砂)1:1:6	m³	160.70	1.70	—	1.70	—
	混合砂浆(细砂)1:0.3:2.5	m³	235.90	0.55	—	0.55	—
	混合砂浆(特细砂)1:1:6	m³	158.06	—	1.70	—	1.70
	混合砂浆(特细砂)1:0.3:2.5	m³	233.20	—	0.55	—	0.55
	水泥砂浆(特细砂)1:3	m³	226.36	—	0.46	—	—
	水泥32.5	kg		(810.87)	(810.87)	(607.55)	(607.55)
	石灰膏	m³		(0.35)	(0.35)	(0.35)	(0.35)
	细砂	m³		(2.54)	—	(2.54)	—
	特细砂	m³		—	(3.13)	—	(2.59)
	水	m³	1.50	2.37	2.37	2.23	2.23
	其他材料费	元		111.50	5.00	5.00	5.00

B.B.1.1.5 墙柱面块料面层打底砂浆

工程内容：1. 清理、修补、湿润基层、墙眼堵塞、调运砂浆、清扫落地灰。
2. 分层抹灰找平、洒水湿润、罩面压光等全部操作过程。

单位：100m²

定额编号		单位	单价(元)	BB0057	BB0058	BB0059	BB0060	BB0061	BB0062
				墙柱面块料面层基层打底					
项 目				混合砂浆(细砂)			混合砂浆(特细砂)		
				厚度每增减厚度1			厚度每增减厚度1		
				1:1:6	1:1:4	1:1:2	1:1:6	1:1:4	1:1:2
综合单(基)价		元		41.59	44.63	49.96	41.30	44.37	49.77
其中	人工费	元		18.00	18.00	18.00	18.00	18.00	18.00
	材料费	元		18.70	21.74	27.07	18.41	21.48	26.88
	机械费	元		0.39	0.39	0.39	0.39	0.39	0.39
	综合费	元		4.50	4.50	4.50	4.50	4.50	4.50
材料	混合砂浆(细砂)1:1:6	m³	160.70	0.11	—	—	—	—	—
	混合砂浆(细砂)1:1:4	m³	188.35	—	0.11	—	—	—	—
	混合砂浆(细砂)1:1:2	m³	236.85	—	—	0.11	—	—	—
	混合砂浆(特细砂)1:1:6	m³	158.06	—	—	—	0.11	—	—
	混合砂浆(特细砂)1:1:4	m³	186.04	—	—	—	—	0.11	—
	混合砂浆(特细砂)1:1:2	m³	235.08	—	—	—	—	—	0.11
	水泥32.5	kg		(23.76)	(30.58)	(44.66)	(23.76)	(30.58)	(44.66)
	石灰膏	m³		(0.02)	(0.03)	(0.04)	(0.02)	(0.03)	(0.04)
	细砂	m³		(0.13)	(0.12)	(0.08)	—	—	—
	特细砂	m³		—	—	—	(0.13)	(0.12)	(0.08)
	水	m³	1.50	0.68	0.68	0.68	0.68	0.68	0.68

B.C.1 天棚抹灰(编码:020301001)

工程内容:1. 清理、修补、湿润基层表面、调运砂浆、清扫落地灰。
2. 抹灰找平、刷浆、罩面、压光、包括小圆角抹灰。

单位:100m²

定额编号			单价(元)	BC0004	BC0005
项 目		单位		混凝土天棚	
				水泥砂浆(中砂)	混合砂浆(细砂)
综合单(基)价		元		1258.06	1269.91
其中	人工费	元		654.70	618.47
	材料费	元		434.18	490.34
	机械费	元		5.50	6.48
	综合费	元		163.68	154.62
材料	水泥砂浆(中砂)1:3	m³	231.52	0.79	—
	水泥砂浆(中砂)1:2.5	m³	266.72	0.67	—
	混合砂浆(细砂)1:0.3:3	m³	231.00	—	0.41
	混合砂浆(细砂)1:0.5:2.5	m³	238.55	—	1.35
	水泥801胶浆1:0.1:0.2	m³	642.60	0.10	0.10
	水泥32.5	kg		(826.68)	(877.39)
	中砂	m³		(1.66)	—
	细砂	m³		—	(1.77)
	801胶水	kg		(10.20)	(10.20)
	石灰膏	m³		—	(0.27)
	水	m³	1.50	1.15	1.82
	其他材料费	元		6.60	6.60

B.D.6 金属窗(编码:020406)

B.D.6.1 金属推拉窗(编码:020406001)

工程内容:清理现场、定位安装、校正、周边塞口、清扫等全部操作过程。

单位:100m²

定额编号			单价(元)	BD0147	BD0148
项 目		单位		铝合金推拉窗	铝合金纱窗扇
综合单(基)价		元		18270.19	8291.05
其中	人工费	元		1848.75	565.50
	材料费	元		15357.61	7442.80
	机械费	元		139.45	—
	综合费	元		924.38	282.75
材料	铝合金推拉窗	m²	150.00	95.01	—
	铝合金纱窗扇	m²	70.00	—	102.00
	其他材料费	元		1106.11	302.80

(附录)

Y.D.5 细砂混合砂浆

单位：m³

定额编号				YD0040	YD0041	YD0042	YD0043	YD0044	YD0045
项目		单位	单价(元)	混合砂浆					
				细砂					
				1:1:4	1:1:2	1:0.5:2	1:0.3:3	1:1:6	1:0.5:5
基价		元		188.35	236.85	244.60	231.00	160.70	169.20
其中	人工费	元		—	—	—	—	—	—
	材料费	元		188.35	236.85	244.60	231.00	160.70	169.20
	机械费	元		—	—	—	—	—	—
材料	水泥32.5	kg	0.40	278.00	406.00	453.00	419.00	216.00	260.00
	细砂	m³	45.00	1.05	0.73	0.86	1.12	1.16	1.16
	石灰膏	m³	130.00	0.23	0.32	0.19	0.10	0.17	0.10
	水	m³		(0.60)	(0.60)	(0.60)	(0.60)	(0.60)	(0.60)

单位：m³

定额编号				YD0046	YD0047	YD0048	YD0049	YD0050	YD0051
项目		单位	单价(元)	混合砂浆					
				细砂					
				1:0.5:3	0.5:1:3	1:0.5:2.5	1:2:5	1:0.2:1.5	1:0.3:2.5
基价		元		224.35	161.55	238.55	169.45	283.55	235.90
其中	人工费	元		—	—	—	—	—	—
	材料费	元		224.35	161.55	238.55	169.45	283.55	235.90
	机械费	元		—	—	—	—	—	—
材料	水泥32.5	kg	0.40	394.00	185.00	432.00	204.00	583.00	437.00
	细砂	m³	45.00	1.05	1.05	0.97	0.97	0.83	1.04
	石灰膏	m³	130.00	0.15	0.31	0.17	0.34	0.10	0.11
	水	m³		(0.60)	(0.60)	(0.60)	(0.60)	(0.60)	(0.60)

Y.D.12 其他砂浆

单位：m³

定额编号				YD0174	YD0175	YD0176
项目		单位	单价(元)	石棉水泥浆	沥青麻刀	水泥801胶浆 1:0.1:0.2
基价		元		1736.80	4435.10	642.60
其中	人工费	元		—	—	—
	材料费	元		1736.80	4435.10	642.60
	机械费	元		—	—	—
材料	水泥32.5	kg	0.40	1177.00	—	1224.00
	四级石棉	kg	3.00	422.00	—	—
	煤沥青	kg	4.00	—	865.00	—
	煤焦油	kg	0.50	—	435.00	—
	麻刀	kg	3.00	—	220.00	—
	木柴	kg	0.20	—	488.00	—
	801胶水	kg	1.50	—	—	102.00
	水	m³		(0.55)	—	(0.52)

T.B.1 现浇混凝土模板(编码：200201)

T.B.1.1 基础模板安装、拆除(编码：200201001)

工程内容：1. 木模板制作。2. 模板安装、拆除、整理堆放及场内外运输。
3. 清理模板粘结物及模内杂物、刷隔离剂等。

单位：100m²

定额编号				TB0001	TB0002	TB0003	TB0004
项 目		单位	单价(元)	基础	满堂基础	基础垫层	挖孔桩护壁
综合单(基)价		元		3195.58	2626.12	2981.57	4062.38
其中	人工费	元		968.25	1100.10	646.00	1718.65
	材料费	元		1870.47	1198.90	2153.46	1879.46
	机械费	元		136.01	89.25	44.09	100.45
	综合费	元		220.85	237.87	138.02	363.82
材料	组合钢模板包括附件	kg	4.50	69.66	64.25	—	—
	摊销卡具和支撑钢材	kg	5.00	25.89	9.89	—	—
	二等锯材	m³	1400.00	0.74	0.36	1.445	1.239
	其他材料费	元		391.54	356.33	130.46	144.86
机械	汽油	kg		(1.86)	(1.63)	—	—
	柴油	kg		(9.31)	(5.32)	(3.66)	(3.32)

T.B.1.2 柱模板安装、拆除(编码：200201002)

工程内容：1. 木模板制作。2. 模板安装、拆除、整理堆放及场内外运输。
3. 清理模板粘结物及模内杂物、刷隔离剂等。

单位：100m²

定额编号				TB0010	TB0011	TB0012
项 目		单位	单价(元)	矩形柱	异形柱	构造柱
综合单(基)价		元		2723.81	3622.80	2733.45
其中	人工费	元		1230.35	1803.50	1230.35
	材料费	元		1033.57	1240.14	1043.21
	机械费	元		178.18	182.05	178.18
	综合费	元		281.71	397.11	281.71
材料	组合钢模板包括附件	kg	4.50	76.09	77.14	78.09
	摊销卡具和支撑钢材	kg	5.00	85.50	87.47	85.50
	二等锯材	m³	1400.00	0.155	0.24	0.155
	其他材料费	元		46.66	119.66	47.30
机械	汽油	kg		(4.19)	(4.19)	(4.19)
	柴油	kg		(9.31)	(9.64)	(9.31)

T.B.1.3 梁模板安装、拆除（编码：200201003）

工程内容：1. 木模板制作。2. 模板安装、拆除、整理堆放及场内外运输。
3. 清理模板粘结物及模内杂物、刷隔离剂等。

单位：100m²

定额编号				TB0013	TB0014	TB0015
项 目		单位	单价(元)	基础梁	矩形梁	异形梁
综合单(基)价		元		2520.34	2940.57	3108.03
其中	人工费	元		1050.25	1228.35	1244.10
	材料费	元		1104.04	1221.87	1366.79
	机械费	元		130.00	203.90	206.93
	综合费	元		236.05	286.45	290.21
材料	组合钢模板包括附件	kg	4.50	76.67	77.34	73.06
	摊销卡具和支撑钢材	kg	5.00	48.97	136.77	129.25
	二等锯材	m³	1400.00	0.184	0.032	0.157
	其他材料费	元		256.57	145.19	171.98
机械	汽油	kg		(2.56)	(4.66)	(4.66)
	柴油	kg		(7.65)	(10.97)	(10.97)

T.B.1.5 板模板安装、拆除（编码：200201005）

工程内容：1. 木模板制作。2. 模板安装、拆除、整理堆放及场内外运输。
3. 清理模板粘结物及模内杂物、刷隔离剂等。

单位：100m²

定额编号				TB0025	TB0026	TB0027	TB0028
项 目		单位	单价(元)	有梁板		无梁板	
				组合钢模	竹胶合板	组合钢模	竹胶合板
综合单(基)价		元		2892.75	2773.43	2653.44	2577.70
其中	人工费	元		1154.65	1121.10	1114.15	1007.20
	材料费	元		1203.56	1124.50	1098.18	1150.78
	机械费	元		253.01	253.01	181.90	181.90
	综合费	元		281.53	274.82	259.21	237.82
材料	组合钢模板包括附件	kg	5.50	72.05	—	56.71	—
	竹胶板	m²	15.00	—	8.55	—	8.45
	摊销卡具和支撑钢材	kg	5.00	98.75	63.50	60.84	34.75
	二等锯材	m³	1400.00	0.163	0.293	0.334	0.464
	其他材料费	元		120.51	191.67	52.71	142.21
机械	汽油	kg		(5.59)	(5.59)	(3.50)	(3.50)
	柴油	kg		(13.96)	(13.96)	(10.30)	(10.30)

T.B.1.6 其他模板安装、拆除（编码：200201006）

工程内容：1. 木模板制作。2. 模板安装、拆除、整理堆放及场外运输。
3. 清理模板粘结物及模内杂物、刷隔离剂等。

定额编号				TB0040	TB0041	TB0042
项目		单位	单价（元）	檐（天）沟	扶手、压顶	小形构件
				100m²	100m延长线	100m²
综合单（基）价		元		3146.10	2279.34	4823.24
其中	人工费	元		1554.80	1097.60	2095.35
	材料费	元		1042.12	881.71	2212.14
	机械费	元		198.52	67.09	80.57
	综合费	元		350.66	232.94	435.18
材料	组合钢模板包括附件	kg	4.50	55.96	—	—
	摊销卡具和支撑钢材	kg	5.00	76.70	—	—
	二等锯材	m³	1400.00	0.201	0.536	1.239
	其他材料费	元		125.40	131.31	477.54
机械	汽油	kg		(4.40)	—	—
	柴油	kg		(10.94)	(3.66)	(5.98)

T.B.3 脚手架（编码：200203）

T.B.3.1 综合脚手架（编码：200203001）

工程内容：场内、外材料搬运；搭拆脚手架、斜道、上料平台、安全网及拆除后的材料堆放。

单位：100m²

定额编号				TB0140	TB0141	TB0142	TB0143	TB0144
项目		单位	单价（元）	单层建筑（檐口高度）				
				≤6m	≤9m	≤15m	≤24m	≤30m
综合单（基）价		元		450.59	741.67	1377.27	2085.01	2648.92
其中	人工费	元		129.85	185.45	354.20	566.85	712.45
	材料费	元		262.23	453.61	853.73	1259.19	1626.96
	机械费	元		27.12	54.60	82.08	121.33	139.18
	综合费	元		31.39	48.01	87.26	137.64	170.33
材料	脚手架钢材	kg	5.00	24.74	38.81	86.87	131.24	173.09
	锯材综合	m³	1500.00	0.043	0.11	0.145	0.20	0.24
	其他材料费	元		74.03	94.56	201.87	302.99	401.50
机械	柴油	kg		(2.53)	(5.09)	(7.65)	(11.30)	(12.96)

T.B.4 垂直运输机械费(编码：200204)

T.B.4.1 檐高 20m(6层)以内建筑物垂直运输机械费(编码：200204001)

工程内容：包括单位工程在合理工期内完成全部工程项目所需垂直运输机械。

单位：100m²

定额编号				TB0163	TB0164	TB0165	TB0166
项 目		单位	单价(元)	砖混		现浇框架	
				卷扬机	塔式起重机	卷扬机	塔式起重机
综合单(基)价		元		727.23	1004.58	882.00	1219.43
其中	人工费	元		242.00	310.50	293.50	377.00
	材料费	元		—	—	—	—
	机械费	元		404.43	582.46	490.50	706.94
	综合费	元		80.80	111.62	98.00	135.49

参考文献

[1] 编委会. GB 50500—2008 建设工程工程量清单计价规范. 北京：中国计划出版社，2008.
[2] 袁建新. 工程量清单计价(第三版). 北京：中国建筑工业出版社，2009.
[3] 中国建设工程造价管理协会编. 建设工程造价管理基础知识. 北京：中国计划出版社，2009.
[4] 全国造价工程师执业资格专试培训教材编审组. 工程造价计价与控制. 北京：中国计划出版社，2009.